| 포인트 | Professional Engineer Architectural & Civil Steel Structure |

건축·토목 구조기술사

강구조 공학

김경호

공학박사/구조기술사

KS 신규격 반영

PROFESSIONAL
ENGINEER

예문사

PREFACE 머리말

1997년 한계상태설계법에 따른 강구조설계기준이 제정됨에 따라 허용응력설계법에 의한 강구조 설계기준이 2003년 전면 개정되고 KBC2016 강구조 설계까지 개정되었습니다. 또한 KS신규격의 변경으로 2018년 신규격으로의 변경이 이루어졌습니다. 본서는 이러한 설계기준의 변경에 따라 기술사나 각종 시험 준비에 적합하도록 최신 강구조의 내용을 알기 쉽게 문제형식으로 정리한 것입니다. 여러 형태의 문제들이 답안형식으로 정리되었으므로 기출문제에 대한 분석도 쉽게 할 수 있을 것입니다.

◉ 본서의 구성

01 강재의 성질 및 용어

강재의 제반 성질 및 각종 현상, 시험에 자주 출제되는 용어 등 필수적인 항목들 요약

02 강구조 설계법

강구조 설계법의 변천 과정 및 주요 설계법인 허용응력설계법과 소성 설계법, 한계상태 설계법의 주요 특징 및 장단점 등 비교 정리

03 접합 일반

2018년 신규격에 따른 고장력볼트 접합과 용접 접합의 주요 계산 문제 등 정리

04 인장재의 설계

총단면적, 순단면적, 유효단면적의 기본 개념 및 블록 전단 파단 강도의 산정 및 인장재의 설계강도 결정

05 압축재의 설계

압축재의 설계강도 산정과정과 각종 지지조건에 따른 설계압축강도 산정 및 조립재의 압축강도 산정

06 휨재의 설계

휨재의 휨과 전단 검토, 소성모멘트, 국부휨모멘트, 횡비틀림좌굴 모멘트 등 산정 과정

07 조합력을 받는 부재

축력과 휨의 조합력을 받는 Beam—Column부재의 안정성 검토, 상호작용 방정식 등 압축재의 설계강도 산정과정과 각종 지지조건에 따른 설계압축강도 산정 및 조립재의 압축강도 산정

최근 변경된 2018 신규격 강구조 한계상태법의 내용을 정리하였으므로 설계사나 건설현장에서 강구조 공학 등을 다루는 엔지니어들에게 많은 도움이 될 것이며, 특히 건축구조기술사 및 토목구조기술사 시험을 준비하는 수험생들에게 요긴한 쓰임이 있을 것입니다.

최선의 노력을 다하였으나 미진한 부분에 대해서는 독자들의 애정 어린 지도와 편달을 부탁드리며 출판을 위해 힘써 주신 예문사와 많은 조언과 격려를 해주신 서초수도학원의 박성규 원장님께 깊은 감사의 말씀을 드리고 늘 힘이 되어 준 가족들에게도 고마움을 전합니다.

김 경 호

강구조 공학

CHAPTER 01 강재의 성질 및 용어

01 강재의 기계적 성질을 설명하시오.

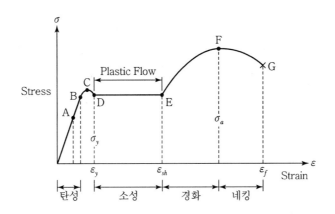

① A점 : 후크(Hooke)의 법칙이 성립되는 점으로 비례한계(Proportion Limit)

② B점 : 탄성 관계가 유지되는 한계로서 하중을 0으로 하면 변형도 0인 탄성한계(Elastic Limit)

③ C점 : 상위 항복점(변형속도에 영향받기 쉽고, 보통 재하속도가 느리면 나타나지 않을 수도 있음)

④ D점 : 하위 항복점

⑤ D~E : 응력의 증가 없이 변형이 진행되는 구간으로서 소성흐름(Plastic Flow)이 시작되며, 이러한 현상을 항복(Yielding)이라 함

⑥ E점 : 인장에 대한 저항이 회복되며, E점에서의 접선기울기 E_{sh}를 변형도 경화계수 (Strain Hardening Modulus)라 함

⑦ F점 : 인장강도(Tensile Strength)

⑧ F~G : Necking의 범위

⑨ ε_f : 신장 혹은 연신율(%)로서, 강재의 연성(Ductility)을 나타내는 지표

⑩ D~E : 하중을 감소시켜 $\sigma = 0$이면, $\varepsilon \neq 0$으로 되는데 이러한 변형을 영구변형(Permanent Set)이라 하며 이러한 성질을 소성(Plasticity)이라 함

QUESTION

02 | Strain Offset과 바우싱거 효과에 대해 설명하시오.

1. Strain Offset(0.2% offset)

강재의 가공 및 재질에 따라서 뚜렷한 항복점
을 나타내지 않는 경우가 있는데, 이때는 하중
제거 후 0.2% 영구변형을 남기는 응력도를 항
복점으로 잡는다. 실제로 적당한 시간이 흐르
면 다소 회복되는데 이것을 탄성여효(탄성여
력 : Elastic After Effect)라 한다.

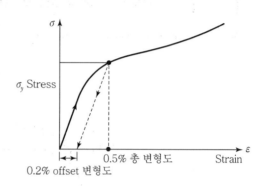

2. 바우싱거 효과(Bauschinger's Effect)

강재가 같은 금속재료는 인장과 압축에서 같
은 성향을 나타내지만 O → A → B 이후 압
축하면 A점에 대응하는 인장응력보다 훨씬
작은 압축응력에서 탄성을 잃어버린다. 이
러한 현상을 바우싱거 효과라 한다.

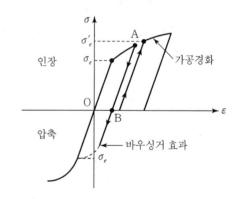

03 전단지연에 대하여 설명하고 발생원인을 기술하시오.

1. 정의

강구조에서 두께가 얇고 플랜지 폭이 큰 I형 단면이나 박스(Box) 단면에서 플랜지 길이방향으로 인접 단면에 전단변형 차가 있을 경우 그 내적 구속에 의해 축방향 응력의 분포상태가 일정하지 않고 거의 포물선으로 나타나는 현상을 말한다.

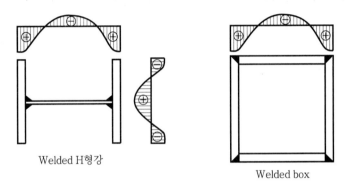

Welded H형강

Welded box

[전단지연현상을 나타낸 I형 단면 & Box 단면]

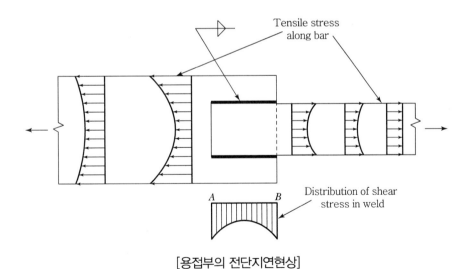

Tensile stress along bar

Distribution of shear stress in weld

[용접부의 전단지연현상]

2. 발생위치

① 전단변형의 차가 큰 곳
② 집중하중이 작용하는 곳(연속형의 중간 지점, 라멘교각의 우각부)

3. 대책

① 최대 축응력이 작용하는 웨브 바로 위 또는 아래의 응력을 플랜지 유효 폭에 균일하게 작용하는 것으로 가정하는 방안
② 유효폭 범위 외의 플랜지부에 좌굴 안전상 필요한 판 두께를 확보하거나 보강재로 보강하는 방안

QUESTION
04 잔류응력(Residual Stress)을 설명하시오.

1. 정의

잔류응력이란 하중을 받았다가 하중을 제거한 후에도 구조물에 응력이 남는 현상을 말한다.

2. 종류

(1) 소성변형에 의한 잔류응력

과다하중으로 탄성한계를 초과하여 소성 상태에 있는 보의 하중을 제거하면 잔류변형으로 잔류응력이 발생한다.

(2) 용접에 의한 잔류응력

용접에 의한 가열 또는 급속한 냉각으로 인한 열응력을 받았을 때 하중을 제거하여도 영구변형이 존재하여 구조물에 응력이 남는 경우이다.

3. 잔류응력에 의한 파괴

잔류응력이 가장 큰 부분에서 균열이 시작되면 잔류응력이 상대적으로 작은 다른 곳도 점차 붕괴의 위험성에 노출된다. 플레이트 거더의 웨브와 플랜지의 연결부에는 길이방향의 높은 구속인장응력이 존재하는데 이와 같은 용접 또는 용접부 부근의 잔류응력이 균열파괴를 유발시킬 가능성이 있다.

4. 잔류응력 해결책

잔류응력을 제거하기 위한 해결책은 다음과 같다.
① 반복하중은 잔류응력을 감소시키므로 반복하중을 재하시킨다.
② 열처리로 잔류응력을 감소시킨다.

QUESTION

05 강교의 장력장(Tension Field)을 설명하시오.

1. 정의

축압축 부재는 좌굴 후 즉시 붕괴하나 평판에 면내력(面內力)이 작용할 때 좌굴 후에도 계속 저항력을 나타내어 바로 극한상태에 도달하지 않는 경우가 있는데, 이를 후좌굴(Post Buckling) 현상이라 하며 발생 면을 장력장(Tension Field)이라고 한다.

2. 발생위치

후좌굴이 발생하는 경우

① 판형 거더의 상 · 하 플랜지와 복부판의 수직보강재로 둘러싸인 Panel 부분에 큰 전단력이 작용하는 경우에 발생한다.

즉, 복부판에 전단응력이 크게 발생되어 전단좌굴 후에도 바로 파괴되지 않는데 판형의 상 · 하 플랜지와 복부판의 수직보강재는 각각 Pratt Truss의 현재와 수직재로 작용하여 약 45° 방향으로 주름이 생기면서 인장응력이 작용하는 인장력장(Tenion Field)이 발생되기 때문이다. 인장력장은 Truss의 사재로 작용하며 보 작용의 전단력 이외의 추가적인 전단력에 저항할 수 있다.

[복부판에 인장력장(Tension Field)이 발생한 모습]

② 복부판의 전단응력이 작아 보 이론에 의한 응력상태로 있는 경우도 후좌굴이 발생한다.

3. 인장력장(Tension Field) 해석 개념

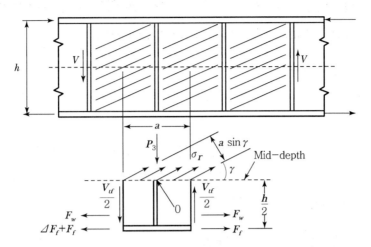

[보강재를 고려한 복부판 단면력 해석 개념]

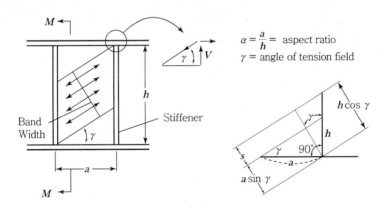

$\alpha = \dfrac{a}{h} =$ aspect ratio

$\gamma =$ angle of tension field

[보강재 부담하중 해석]

■ QUESTION ■

06 강재의 용접부 불연속 원인 중 모재에 의한 층과 층분리(lamination and delamination)에 대하여 설명하시오.

1. 정의

층상분리란 견고한 완전구속조건 상태에 있는 용접 접합부에서 용접부의 용착금속이 냉각시 수축함으로써 발생되는 두께방향의 변형에 의해 모재가 갈라지는 것을 말하며 층상균열(Lamellar Tearing)이라고도 한다.

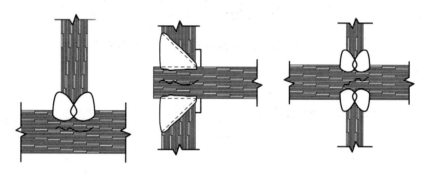

[층상형상 발생 모습]

2. 발생원인

① 용착금속의 여러 층에 대한 국부변형도가 항복변형도보다 커서 발생
② 국부적으로 큰 변형도와 내적 구속의 결합으로 층상균열 유발

3. 발생현상

강재는 두께방향으로는 높은 강도를 갖고 있으나 탄성한계변형을 초과하는 변형에 대해서는 내하력의 한계를 갖는다. 층상 필릿균열의 단면은 수직방향보다 수평방향으로 뻗은 다층 모양을 하고 있다.
내적 구속(Internal restraint)이란 용착금속의 국부적인 수축에 의한 큰 변형을 억제하는 내적인 구속을 뜻하며 비탄성 변형을 일으키는 성질이 연성이다. 구조재료 중 압연방향에 평행 또는 직각방향으로 하중을 받는 강재만이 이 같은 연성을 나타낸다.

4. 특성

층상균열은 주로 T형 접합 또는 접합 모서리부에서 용접작업이 실시될 때 발생하는데 연결부의 용접수축 변형과 같은 상당한 구속력이 원인이 된다.

용접이 진행되는 동안 용접작업이 끝나면 냉각이 되면서 비금속 모재물과 철 금속 사이의 접촉면에서는 격리가 발생될 정도까지 용접수축 변형도가 증가되며 이때 강에 미시균열이 형성된다. 용접이 완료되었을 때 주위 온도는 계속 하강하므로 변형도는 증가하여 전단파괴에 의한 접촉면 격리로 일어난 단층들은 층상 필릿균열을 이룬다.

5. 층상균열 발생인자

(1) 연결된 재료의 특성

강재에 두께방향으로 응력을 주게 되는 연결부들이 반드시 불리한 작용을 하는 것은 아니지만 강하게 구속된 설계에 있어서 용착금속 수축변형이 두께방향으로 흡인작용을 한다면 수축력이 부재면에 작용된 경우보다 연결부가 층상균열되는 경향이 커진다.

(2) 용착금속의 특성

모재에 가장 적합한 전극을 용제에 대한 규정과 용착금속의 특성을 고려하여 결정해야 한다. 전기에 대한 변형도는 연결된 재료에 강제력으로 작용하게 되므로 높은 항복전극은 변형도에 문제가 되고, 낮은 항복전극은 변형도 재분배에 도움이 된다.

(3) 구속영향

층상균열은 높은 구속이 존재하는 플랜지에 용접을 실시할 때 일어난다. 구속은 재료의 두께, 특별한 연결부의 강성, 용착금속의 용적 또는 연결부나 국부에서의 변형집중에 의해 일어나게 된다.

6. 대책

① 재료의 적절한 선정
② 용접설계 시 부재방향을 고려한 적절한 절개와(Grooving) 용접방향을 선정하면 재료의 결함에도 불구하고 층상균열을 피할 수 있다.

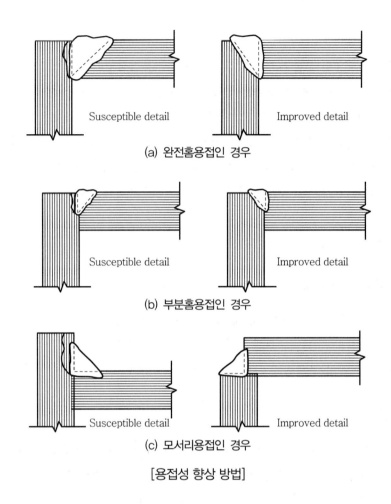

(a) 완전홈용접인 경우

(b) 부분홈용접인 경우

(c) 모서리용접인 경우

[용접성 향상 방법]

③ 라멜라 테어의 발생요인에 따른 방지대책은 다음과 같다.

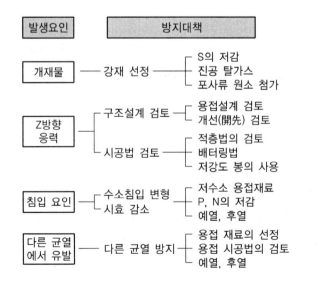

QUESTION

07 | TMC 강에 대하여 설명하시오.

1. 정의

TMC 강(Thermo Mechanical Control Process Steels)이란 열가공 제어 프로세스로 제
조되는 강재를 말한다.

2. 특징

① TMC 강은 제어냉각을 통해 강도를 확보함으로써 동일 강도의 일반 강에 비해 탄소당량
   (C_{eq})을 낮출 수 있다.

② 판 두께 방향으로 균일한 경도와 안정적인 품질을 얻을 수 있기 때문에 판 두께가
   40mm를 초과하더라도 설계기준강도를 저하시킬 필요가 없다.

③ 일반 강에 비해 탄소당량 (C_{eq})이나 용접균열감응도 (P_{cm})가 낮기 때문에 예열 조건을
   대폭 완화할 수 있으며 용접성이 뛰어난 장점이 있다.

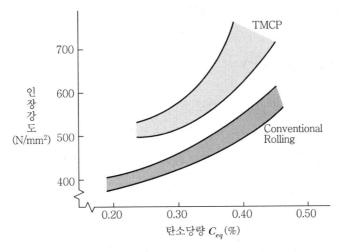

[탄소당량에 따른 일반 강과 TMC 강 인장강도 비교]

08 용접균열의 감수성(感受性)에 대해서 쓰시오.

1. 탄소당량(C_{eq})

강재 검사증명서(Mill Sheet)에 기재된 화학분석치(Ladle 분석치)로부터 용접성을 추정할 수 있다. 강재의 원소 중에서 탄소가 용접성 등의 성질에 큰 영향을 미치기 때문에 탄소 이외의 다른 원소를 탄소의 상당량으로 환산하여 합산한 탄소당량 C_{eq}(Carbon Equivalent)라는 값을 사용한다.

강재는 탄소량이 많을수록 용접열에 경화되기 쉽다. 탄소 이외에 원소도 강재의 경화에 영향을 미친다. 그러한 원소의 효과를 탄소로 환산해서 표시한 것이 탄소당량 C_{eq}이다.

$$C_{eq} = C + \frac{Mn}{6} + \frac{Si}{24} + \frac{Ni}{40} + \frac{Cr}{5} + \frac{Mo}{4} + \frac{V}{14}(\%)$$

$C_{eq} < 0.35\%$: 용접성이 좋은 강재

$C_{eq} = 0.35 \sim 0.4\%$: 예열할 필요가 있다.

$C_{eq} > 0.4\%$: 충분한 예열이 필요하다.

용접할 강재는 C_{eq} 값이 0.44% 이하이어야 한다.

2. 용접균열 감수성 지수(P_c)

C_{eq} 대신에 용접균열에 민감한 정도를 나타내는 지수로는 용접균열 감수성(感受性, Sensitivity) 지수 P_c를 이용하는데, 마찬가지로 탄소 이외의 다른 원소를 탄소의 상당량으로 환산하여 합산하고 강판의 두께가 새로운 항으로 포함된다.

$$P_c = P_{cm} + \frac{H}{60} + \frac{t}{600}(\%)$$

여기서, P_{cm} : $C + \frac{Si}{30} + \frac{Mn}{24} + \frac{Cu}{20} + \frac{Ni}{60} + \frac{Cr}{20} + \frac{Mo}{15} + \frac{V}{10} + 5B(\%)$

H : 용접금속의 확산성 수소량($cm^3/100g$)

t : 강판두께(cm)

P_c가 0.3%를 초과하면 균열율이 급증하게 된다. 즉, 용접균열감수성 지수(P_c)가 낮으면 낮을수록 용접균열이 줄어드는 것을 말한다.

예를 들어, TMCP 강은 강도를 높이면서도 C_{eq}를 저하시켜 자연스럽게 용접균열 감수성 P_c가 저하되기 때문에 극후강판의 용접 시에 예열관리를 생략하거나 줄일 수 있다. 따라서 가공제작 시 시공관리가 용이하다. 특히, TMCP 강재의 경우, 탄소량이 적으므로 용접금속의 탄소희석이 적고 Box형 단면기둥의 모서리 용접 시 발생하기 쉬운 용접금속의 갈라짐을 방지할 수 있다.

3. 용접균열 감수성 조성(P_{cm})

SWS 570 강판재에 대한 용접균열 감수성 조성은 [표 1.1]과 같이 정해져 있다. 열가공 제어한 용접구조용 압연강판재의 경우, SWS 490, SWS 520에 대한 용접균열 감수성 조성은 [표 1.2]와 같이 정해져 있다. 용접균열 감수성 조성은 다음 식으로 산출한다.

$$P_{cm} = C + \frac{Si}{30} + \frac{Mn}{24} + \frac{Cu}{20} + \frac{Ni}{60} + \frac{Cr}{20} + \frac{Mo}{15} + \frac{V}{10} + 5B(\%)$$

▼ [표 1.1] KS D 3515의 SWS 570의 용접균열 감수성 조성

강재두께	50mm 이하	50mm 초과 100mm 이하	100mm 초과
용접균열 감수성 조성	0.28%	0.30%	인수인도 당사자 간 협정에 따른다.

▼ [표 1.2] KS D 3515 부속서 2에서의 TMC 강판재의 용접균열 감수성 조성

종류의 기호		SWS 490A, SWS 490YA, SWS 490B, SWS 490YB, SWS 490C	SWS 520B SWS 520C
적용 두께	50mm 이하	0.24(%) 이하	0.26(%) 이하
	50mm 초과 100mm 이하	0.26(%) 이하	0.27(%) 이하

QUESTION

09

강교에서 일반적으로 사용되고 있는 일반구조용 압연강재, 용접구조용 압연강재, 용접구조용 내후성 열간압연강재의 재료적 특성에 대하여 설명하시오.

1. 개요

강재는 타 재료에 비해 고강도로서 우수한 연성으로 극한 내하력이 높고 인성이 커 충격에 강하며 조립이 용이한 우수한 특성을 지닌 재료이다. 구조용으로 사용되는 탄소강에는

① 일반구조용 압연강재
② 용접구조용 압연강재
③ 용접구조용 내후성 열간압연강재

가 있으며, 각각의 특성에 대해 비교 설명하고자 한다.

2. 강재의 종류

구분		규격	강재기호
구조용 강재	KS D 3503	일반구조용 압연강재	SS 275
	KS D 3515	용접구조용 압연강재	SM275, SM355, SM420, SM460
	KS D 3529	용접구조용 내후성 열간압연강재	SMA275, SMA355

3. 강재의 특성

(1) 일반구조용 압연강재(KS D 3503)

① 토목 · 건축 · 선박 · 차량 등의 구조물에 가장 일반적으로 쓰인다.
② S, P의 제한 값이 높으나(0.05 이하), C, Si, Mn 등에 대한 규정은 없다.
③ 휨 시험에서 휨 반지름도 크게 규정
④ 강도조건만 요구되는 곳에는 SS재의 적용이 가장 적절하며 강도에 따라 강종을 선택한다.

(2) 용접구조용 압연강재 (KS D 3515)

① SS재와 같이 널리 사용되는 구조용 강재로서 특히 우수한 용접성이 요구될 때 사용되는 강재임

② 화학성분은 S, P 값을 0.04 이하로 규정, C, Si, Mn에 대한 규정치는 강재의 종류별로 정해지며 용접구조용 강재의 특성을 좌우한다. 강도를 높이는 데는 C 양을 증가시키는 것이 경제적이며, 용접성을 높이는 데는 Mn을 많이 사용한다.

③ 기계적 성질은 SS재와 달리 강도에 의한 분류에 더하여 인성치를 A, B, C의 범위로 분류

(3) 용접구조용 내후성 열간압연강재 (KS D 3529)

① 철골, 교량 등 대형 구조물의 구조용 강재로서 내부식성이 요구되는 경우 사용

② Cu, Cr을 기본으로 Ni, Mn, V, Ti 등을 첨가한 것으로 기계적 성질은 SWS재와 동등하다.

③ 강도는 410N, 500N, 580N 3종류

4. 결론

강재를 적재적소에 선정하여 설계하기 위해서는 각종 강재의 특성을 충분히 파악하고 제작상의 경제적인 배려를 포함한 종합적인 판단이 요구된다.

QUESTION

10 고장력강 사용의 특징을 설명하시오.

1. 목적

고장력강을 사용하는 목적은 다음과 같다.
① 부재단면강도, 하부구조부담 감소로 구조물 경량화
② 제작 및 가설작업 간소화
③ 시공의 단순화 및 급속화

2. 장점

① 부재단면 감소로 재료가 감소되어 경제적이다.
② 구조물이 경량화되어 가설기기의 용량이 줄어든다. Block 단위 가설이 용이하게 되고 시공 속도가 빨라진다.
③ 판 두께의 감소로 후판 시공 시 용접상 문제점을 피할 수 있다.
④ 단면 감소로 제작 시 절단량, 용접량 감소로 경제성을 기하고 작업의 간소화를 기대할 수 있다.
⑤ 장대지간의 교량 건설이 가능하고 구조형식 선정 시 자유도가 증가한다.
⑥ Slender한 설계가 가능하여 미관이 수려하다.
⑦ 상부구조물의 경량화로 하부구조의 부담이 감소하여 경제적이다.

3. 단점

고장력강 사용 시 단면 감소에 의한 강성 저하로 처짐과 진동이 크고, 항복비가 높으며, 용접성이 좋지 못하다.

(1) 강성 저하

① 단면 감소로 인한 구조물의 처짐과 변형에 따른 2차 응력이 발생하며, 진동 등으로 사용성이 떨어진다.
② 설계기준의 처짐 제한 규정으로 단면강성이 결정되어 고장력강의 사용 이점이 감소된다.

③ 압축부재에서의 허용압축응력이 단면 크기의 세장비에 관계되어 고장력강 사용 이점이 감소된다.

(2) 항복비가 높다.

항복비가 높으면 항복 후 신장능력이 작아져 예측 못한 하중에 대한 강재 파단의 신장에 의한 에너지 흡수가 불가능해진다.

(3) 용접가공성

강재는 강도가 높을수록, 판 두께가 두꺼울수록 용접성이 나빠지므로 설계 단계에서 강종 선정 시 강재강도와 판 두께의 용접가공성에 대한 충분한 검토가 필요하다.

(4) 경제성 검토 필요

고장력강을 사용할 경우 최소 판 두께 사용은 시방서 규정과 형상 유지를 만족할 경우 경제적으로 이득이 있으나 강재 사용량 경감 시 강재 단가와 제작 단가의 관계로 인해 경제적이지 못한 경우도 있다.

4. 결론

고장력강에 요구되는 특성을 요약하면 다음과 같다.
① 인장강도, 항복강도 및 피로강도가 클 것
② 용접성이 좋을 것
③ 가공성이 좋을 것
④ 내식성이 양호할 것
⑤ 값이 저렴할 것

설계 단계에서는 고장력강의 강종 선정에 신중을 기해야 하며, 고장력강 사용 시의 이해득실을 충분히 검토하여야 할 것이다.
시공 단계에서는 고장력강 용접 시공 시 안전한 시공법의 확립이 필요하며, 주의 깊은 시공관리가 요구된다.

11 강재의 취성파괴원인과 취성감소대책을 설명하시오.

1. 정의

Notch, 볼트 구멍 및 용접부와 같이 응력 집중부가 많거나, 저온으로 강재가 냉각될 때, 또는 급작스런 충격하중 등의 여러 가지 요인이 강재에 중복되어 작용할 때 강재의 인장강도나 항복강도 이하에서 소성변형을 일으키지 않고 갑작스럽게 파괴되는 현상을 취성파괴라 한다.

2. 특징

① 파괴의 진행속도가 빠르다.
② 비교적 저온에서 발생한다.
③ 강재의 절취부나 용접결함부에서 유발되기 쉽다.
④ 낮은 평균응력에서 파괴된다.

3. 발생원인

(1) 강재의 인성부족

① 재료의 화학성분 불량으로 금속조직에 결함이 있을 때
② 과도한 잔류응력이 있을 때
③ 설계응력 이상의 인장응력이 발생할 때
④ 취성파괴에 저항이 낮은 강재를 사용했을 때
⑤ 온도 저하로 인해 인성이 감소됐을 때
⑥ 경도가 너무 큰 고강도 강재를 사용했을 때

(2) 강재결함에 따른 응력집중

① 용접열 영향으로 재료의 이상경화 시
② 용접결함으로 응력이 집중될 때
③ 응력부식이 진행될 때

④ 강재 단면의 급격한 변화가 있을 때

⑤ Bolt 및 리벳 구멍, Notch와 같은 응력 집중부가 있을 때

(3) 반복하중에 의한 피로현상

4. 취성감소대책

① 부재 설계 시 응력집중계수 최소화

② 고강도 강재 선택 시 충격흡수에너지 점검

③ 동절기 강재용접 시 예열 등의 열처리 실시

④ 구조물 설치 시 과도한 외력작용 방지

5. 고찰

강재의 취성파괴는 소성변형을 동반하지 않고 갑자기 파괴되는 매우 불안정한 파괴형태이다. 따라서 파괴원인이 되는 재료의 인성부족과 강재결함에 의한 응력집중 및 반복하중에 의한 피로현상 등이 발생하지 않도록 설계, 부재제작 및 설치에 기술자의 보다 세심한 배려가 필요하다.

6. 온도와 취성파괴의 상관관계

고온에서 강재의 취성은 감소되나 저온에서는 이와 반대 효과를 갖는다.

리벳연결 구조물에서 비교적 얇은 강판[3/8 in.(20mm)]은 $\alpha_K = 3.5$의 응력집중계수를 가지며 영점에 가까운 온도에서 사용되면 일반적으로 취성파괴를 일으키지 않는다. 용접 교량에서의 취성파괴가 높은 온도에서 일어났다는 사실은 응력집중계수가 리벳구조물에 대한 가정치를 초과하였을 가능성을 뜻하는 것이다.

후판이 사용되었을 때 냉온효과는 심각해진다. 저온에서 취화작용의 증가율이 매우 큰 것은 림드강(rimmed steel)이고 제일 작은 것은 조립 킬드강이다. 두께뿐만 아니라 하중의 특성도 고려해야 하는데, 사하중은 영구적 재하특성 때문에 짧은 기간의 혹한의 가능성도 함께 고려해야 한다. 빈도가 높은 활하중 작용에 대해서도 같은 규정을 적용한다.

QUESTION

12

강재 구조물에 용접이음을 한 경우, 용접의 비파괴 검사방법 및 용접이음의 장단점에 대해 기술하시오. 또한, 용접부의 잔류응력의 영향과 그 대책에 대해 기술하시오.

1. 비파괴 검사방법

용접부에 대한 비파괴 검사방법은 다음과 같으며 특징은 아래 표와 같다.

① 육안검사법(VT ; Visual Test)
② 방사선검사법(RT ; Radiation Test)
③ 자분탐상검사법(MT ; Magnetic Test)
④ 약액침투검사법(PT ; Penetration Test)
⑤ 초음파검사법(UT ; Ultrasonic Test)

검사방법	적용부분	검사내용	장단점	비고
육안검사	전 용접부	균열, 오버랩, 언더컷, 용접부족, 비드불량, 뒤틀림, 용접 누락	• 비용이 적게 든다. • 즉시 수정 가능 • 표면결함에 한정 • 기록이 어렵다.	확대경, 각장게이지, 휴대용 자
방사선 검사	V용접 X용접 홈용접	내부균열, 기포, 슬래그 용입, 용입 부족, 언더컷	• 증거 보존 가능 • 즉시 결과파악 가능 • 결과분석에 많은 경험 필요 • 취급상 위험	검사비가 비싸다.
자분탐상 검사	홈용접, 필릿용접	표면의 갈라짐, 용입 부족, 표면 가까이에 있는 균열	• 표면결함 조사 가능 • 신속하다. • 즉시판단 가능 • 자성물체만 적용 가능 • 현장해석 경험 필요	전원 필요
약액침투 검사		눈으로 판별할 수 없는 미세 표면균열	• 사용 간편 • 비용 저렴 • 표면결함만 조사 가능	세척액, 침투액, 현상액
초음파 검사		표면 및 깊은 곳의 결함 탐사, 미세한 내부결함 및 부식상태 검사	• 정밀검사 가능 • 신속한 결과 도출 • 현장파악 가능 • 고도의 기술과 숙련 필요	초음파 탐사기

2. 용접이음의 특징

① 연결부재가 필요치 않아 구조물의 단순화 및 경량화가 가능하다.
② 연속접합으로 응력전달이 확실하고 시공 시 소음이 적다.
③ 확실한 인장이음이 보장된다.
④ 현장용접은 신뢰성이 저하된다.
⑤ 용접부에 응력집중현상이 발생한다.
⑥ 용접부 변형으로 2차 응력이 발생한다.
⑦ 용착금속부의 열변화로 잔류응력이 발생한다.

3. 잔류응력 영향과 대책

(1) 정의

잔류응력이란 하중재하로 재료가 변형된 후 외력을 제거한 뒤에도 재료에 남아있는 응력을 말한다.

(2) 발생원인

① 탄소성 반복하중 작용 시
② 용접하중 작용 시

(3) 잔류응력 영향

① 소성변형 발생
② 피로수명과 파괴강도 저하(인장응력 발생 시)
③ 부식 및 부식균열 촉진
④ 좌굴(Buckling)영향 증가
⑤ 뒤틀림(Twisting) 발생

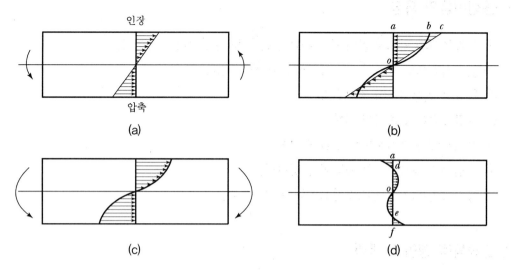

[휨작용 시 발생하는 잔류응력]

(a) 압연판   (b) 봉

(c) 두께가 얇은 관

[잔류응력이 있는 소재를 절삭한 후 발생하는 변형]

(4) 대책

① 응력제거 풀림처리 또는 열처리

② 소성변형을 추가하는 방법

③ 응력이완 작용을 통한 잔류응력의 감소

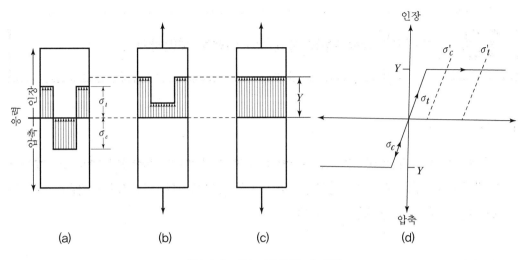

[인장에 의한 잔류응력 제거법]

13 강구조의 좌굴현상과 설계상의 대책을 설명하시오.

1. 개요

강구조물의 좌굴현상이란 주요 부재가 압축을 받아 한계치를 초과하게 되면 이에 대응하는 변형상태가 급하게 변하여 불안정 상태가 되는 것을 말한다. 일반적으로 좌굴에 의해 부재는 내하력을 잃고 구조물은 파괴된다.

2. 좌굴 분류

강구조물의 좌굴은 아래와 같이 분류하고 있다.
① 구조물 전체가 동시에 불안정하게 되고 내하력을 잃어 분리되는 전체좌굴
② 구조계를 구성하는 합성부재의 좌굴

3. 좌굴 요인

(1) 중심압축재(기둥)

이상적인 중심압축 탄성좌굴로 Euler 좌굴이라 하며, 실제로는 부재가 피할 수 없는 초기변형과 하중의 편심이 단면 내에 존재하여 강도를 저하시켜 좌굴이 발생하는 경우이다.
① 잔류응력의 영향 ⇒ 세장비가 작은 범위에서 나타남
② 초기변형의 영향 ⇒ 세장비가 큰 범위에서 크게 나타남

(2) 휨부재(보)

휨모멘트를 받은 고형 단면의 플랜지의 허용응력 거리의 횡좌굴응력이 기본 내하력으로 규정된다.
횡좌굴이란 도형 단면의 강축면 내에서 휨이 작용할 때, 깊이가 어느 일정치에 도달 → 부재의 처짐면 내에서 처짐면 외로 비틀림을 동반한 횡방향 변형이 커짐 → 거리의 휨 내하력을 잃는 상태가 됨을 말한다. 횡좌굴로 거리 전체의 안전도 조사가 필요한 경우가 있다.

(3) 축방향 압축력과 휨을 동시에 받는 부재

축방향 압축력과 휨을 동시에 받는 부재는 휨모멘트가 강축에 대해 작용하는 것이 보통이다. 이 경우 휨 작용면 내의 휨좌굴과 휨 작용면 외의 휨과 비틂이 일어나 휨비틀림좌굴이 생길 가능성이 있다.

따라서 2가지의 안전성을 조사해야 하나 일반적으로 작용면 외의 좌굴강도가 작다.

(4) 판(Plate)

강부재를 구성하는 판이 면 내의 순압축력과 휨을 받아 압축응력이 어느 일정치에 도달하면 면 외 방향으로 휘는 현상을 말한다. 판의 국부좌굴이라 하여 실제 구조물에서는 초기변형 및 잔류응력의 영향을 받으며 거더의 복부판 및 강관에서 많이 나타난다.

후좌굴현상은 판에 좌굴이 생겨도 하중을 받는 축은 전달되는 하중과 달리 급격히 파괴되지 않고 서서히 변형되는 좌굴현상을 말한다.

4. 설계상 대책

(1) 허용압축응력 저감

(2) 각종 보강재를 이용한 세부구조설계 추가

강구조의 허용압축응력은 기둥의 좌굴강도, 보의 횡좌굴강도를 기본 내하력으로 하여 결정된다. 기본 내하력은 부재가 갖는 불완전성(잔류응력, 초기변형 등)을 개정하여 계산할 수 있고 실험적 방법에 의해 결정할 수 있다. 즉, 허용응력을 기본 내하력을 안전율로 나누어 결정한다.

1) 기둥 설계 시

세장비에 의해 허용압축응력이 결정되며 세장비는 기둥의 유효좌굴길이에 의해 결정된다. 기둥부재의 양단 지지조건에 따라 기둥의 좌굴형태 및 유효좌굴길이가 다르며 시방서에 따른다.

2) 보 설계 시

압축 플랜지의 고정점 간의 거리(l)와 폭(b)의 l/b에 의해 허용휨압축응력을 결정한다.

l/b가 크면 횡좌굴현상에 의해 허용휨압축응력이 크게 저하되므로 상한치를 정하여 그 이하로 제한한다.

3) 판 설계 시

판 좌굴의 대책은 ① 판의 폭, 두께 제한 ② 보강재 설치이다. 판 두께와 판의 지지상태 및 하중조건에 의해 국부좌굴이 발생하지 않는 범위가 결정되며, 보강재를 설치하는 방법은 국부좌굴과 전체좌굴을 연관성을 고려하여 판에 가로 및 세로 보강재를 설치하여 간격 및 강도를 결정한다. 보의 복부판에는 복부판 두께에 따라 필요한 간격 및 강도를 갖는 수평 · 수직 보강재를 배치한다.

14 무도장 강재의 정의와 유의해야 할 사항을 기술하시오.

1. 정의

일반적으로 강재는 대기 중에서 부식되기 쉬우나 대기 중에서 부식에 잘 견디고 녹슮의 진행이 지연되도록 개선시킨 강재를 내후성(耐候性) 강재(SMA로 분류)라 고한다. 특히, P-Cu-Ni-V계의 내후성 고장력강은 내후성이 우수하여 무도장(無塗裝)으로 사용할 수 있는데 이와 같이 도장 없이 사용하는 내후성 고장력강을 내후성 무도장 강재라 한다.

2. 특징

(1) 내후성 강재의 특징

① 내식성 우수
② 저온에서 인성(Toughness)이 좋음
③ 내부식성 우수
④ 녹슮이 지연
⑤ 무도장으로 사용 가능
⑥ 두께 증가 시 용접성 저하
⑦ 외피 녹 발생 시 부실시공 오해 발생

(2) 내후성 강재의 구성성분

① 구리(Cu)
② 인(P)
③ 크롬(Cr)
④ 바나듐(V)

(3) 내후성 강재의 종류

① 1종(SMA 400 A, B, C)
② 2종(SMA 490 A, B, C)
③ 3종(SMA 570)

(4) 내후성 강재 사용 시 유의사항

1) 용접성 저하

내후성 강재는 내후성을 증가시키기 위하여 인(P)량을 증가시켰기 때문에 강재 두께가 두꺼울수록 용접성이 떨어지는 단점이 있으므로, 가능한 한 용접연결을 지양하고 볼트연결을 사용해야 한다.

2) 내후성 강재 종류 선정주의

내후성 강재종류 중 W(Weathering) 표기는 보통 녹에 대한 안정화처리를 시행한 강재이므로 무도장 사용을 의미하며, P(Painting) 표기는 도장하여 사용해야함을 의미한다.

3) 내후성 강재에 대한 이해 주지

내후성 강은 녹이 발생하지 않는 것이 아니라 보통 붉은 녹 아래 층에서 특유의 흑갈색 녹이 발생하여 밑바탕 강재와 밀착되어 붉은 녹이 더 이상 발생되지 않게 하여 녹슮을 지연시키는 것이므로, 내후성 무도장 강재를 사용할 때 녹이 발생하는 것이 부실시공이 아니라는 사실에 유의해야 한다.

3. 제한사항

(1) 가능한 한 용접연결 자제

(2) 용접성이 저하되므로 사용두께 제한

① 열간압연강재는 16mm 이하
② 냉간압연강재는 0.6~2.3mm 사용

(3) 도장 강재(P)와 무도장 강재(W)에 대한 올바른 이해 요구

15 | SRC 구조물의 해석방법과 문제점을 논하시오.

1. 정의

철골철근콘크리트(SRC ; Steel Reinforced Concrete) 구조물이란 콘크리트 속에 철골을 매설하고 철근을 배근하여 외력에 저항하도록 한 철골과 철근 및 콘크리트가 합성되어 이루어진 구조물을 말한다.

2. SRC 특징

(1) RC 구조물과의 비교

1) 장점
   ① 단면치수 감소로 경제적
   ② 인성이 증가되어 내진성이 우수
   ③ 자중 감소 기대
   ④ 큰 단면 설계 시 철골단면 사용으로 다단철근 배근 불필요
   ⑤ 극한하중 작용 시 철골의 소성저항능력으로 안전성 기대
   ⑥ 구조체로서 신뢰성 향상
   ⑦ 철골의 우선시공으로 시공성 향상

2) 단점
   ① 콘크리트와의 부착력이 낮아 분리 가능성 있음
   ② 철골 비율이 큰 경우 콘크리트 균열 폭이 증가하는 경향 발생
   ③ 강재 비율이 많은 경우 콘크리트 타설이 곤란할 수 있음
   ④ RC 구조에 비해 고가임
   ⑤ 철근 설계가 복잡

(2) 강구조물과의 비교

1) 장점

① 방청, 방화 등의 유지관리 불필요

② 강성이 커 변형량이 적음

③ 소음과 진동 경감

④ 공사비 감소

2) 단점

① 자중이 증대

② 철골 조립 후 콘크리트 타설로 공사기간이 다소 길어짐

3. SRC 사용처

① RC 구조에서 내진성이 약한 경우

② 강구조물에서 강성이 부족한 경우

③ 장지간 보를 지지하는 기둥구조인 경우

④ RC 구조로는 강도가 부족하고 강구조물에서 진동이 예상되는 경우

⑤ 전단파괴가 예상되는 기둥

⑥ 응력과 변형집중이 예상되는 경우

4. SRC 해석방법

(1) 철골방식

콘크리트를 피복으로 간주하고 철근을 철골단면으로 고려하여 해석하는 방식

(2) 철근콘크리트방식

철골을 철근으로 간주하여 철근콘크리트 단면으로 고려하여 해석하는 방식으로 철골과 콘크리트의 부착 확보가 문제로 대두되는 해석방법

(3) 누가강도방식

철근콘크리트의 허용내력과 철골부분의 허용내력을 독립적으로 고려하여 그 합을 합성 단면의 허용내력으로 간주하는 해석방법으로 가장 널리 쓰이고 있는 방식

5. SRC 설계 시 유의사항

SRC 구조물의 극한내하력 해석과 설계는 누가강도방식을 적용하여 해결하고 있으나 구조물 변형 문제에 대해서는 다음과 같은 사항의 검토가 요구되므로 SRC 구조물 설계 시 이를 고려해야 한다.

설계 시 고려해야 할 검토사항은 다음과 같다.

① 기둥에 작용하는 축압축력과 변형의 상관관계

② 철골단면과 변형의 상관관계

③ 횡방향 구속철근과 변형의 상관관계

상기와 같이 철골과 콘크리트가 어떤 상호작용을 하는지 정확하게 예측하여 설계에 반영할 필요가 있다.

CHAPTER

02 강구조 설계법

01 강구조물의 설계법에 대해 설명하시오.

1. 개요

강구조물의 설계방법은 다음과 같다.
① 허용응력 설계법(WSD)
② 소성설계법(PD)
③ 하중 – 저항계수 설계법(LRFD)

2. 설계 방법

(1) 허용응력 설계법(WSD)

① 강구조물의 설계에서 가장 오래된 설계법
② 강재가 공칭항복응력(Nominal Yielding Stress)에 도달하면 파손이 일어난다고 하는 기준과 후크의 법칙을 따르는 이상적 선형 탄성 거동에 기초를 두고, 구조물 내의 응력이 허용응력을 넘을 수 없다는 가정에 기초를 두는 설계법
③ 법규나 시방서는 항복점 응력을 적당한 안전율(Safety Factor)로 나누어 줌으로써 최대 허용응력을 결정
④ 응력 변화는 중립축에서 0이고 연단의 응력이 항복응력에 도달할 때까지 선형적으로 변화함
⑤ 보의 저항 모멘트 : $M_y = f_y S_x$

(2) 소성 설계법(Plastic Design)

① 구조물 내 어떤 점에서의 응력이 항복점에 도달한 후에도 구조물이 파괴되지 않고 항복변형 이후 단면의 소성변형(소성흐름)을 허용하며 응력 재분배에 의한 상당한 추가 외력에 저항할 수 있다는 소성이론에 근거한 설계법

② 응력변화는 보의 전 단면에서 항복응력상태이며 이렇게 되면 단면 전체가 항복하게 되며 더 이상의 추가적인 모멘트에 저항할 수 없게 되는데, 이때의 저항 휨모멘트를 소성 모멘트라 하고 M_p로 나타낸다.

③ 소성 모멘트 M_p : 부재 단면이 완전 소성상태가 되어 소성 힌지(Plastic Hinge)가 생기게 되는 모멘트 : $M_p = f_y Z_x (Z_x$: 소성단면계수)

④ 소성설계에서는 실사용 하중에 하중계수를 곱한 극한하중을 설계하중으로 사용

(3) 하중 – 저항계수 설계법(LRFD)

① 하중 – 저항계수 설계법은 1986년에 미국의 AISC에서 채택한 새로운 설계법이다.

② LRFD는 강구조 부재의 극한 내력강도 또는 한계내력에 기초를 두고 극한 또는 한계하중에 의한 부재력이 부재의 극한 또는 한계내력을 초과하지 않도록 하는 설계법

③ 하중 및 하중저항 관련 안전모수, 즉 계수 안전율의 결정을 허용응력설계법과 같이 오랜 경험에만 의존하지 않고 모든 불확실성을 확률 통계적으로 처리하는 구조 신뢰성 이론에 의해 처리하는 보다 합리적이고 새로운 설계법

④ 강도 한계상태(Strength Limit State)와 사용성 한계상태(Serviceability Limit State)로 대별

3. 각 설계법의 비교 분석

구분	WSD (Working Stress Design)	PD (Plastic Design)	LRFD(Load and Resistance Factor Design)
기본 개념	강을 탄성체로 보고 탄성이론에 의해 구한 응력이 허용응력을 넘지 않도록 설계하는 방법 $$f_s \leq f_{sa}$$	항복변형 이후 단면의 소성변형(소성흐름)을 허용하며 응력 재분배에 의한 상당한 추가 외력에 저항할 수 있다는 소성이론에 근거한 설계법	부재의 극한내력강도 또는 한계내력에 기초를 두고 한계하중에 의한 부재력이 한계내력을 초과하지 않도록 하는 설계법 $$\phi R_n \geq \sum r_i Q_{ni}$$

구분	WSD (Working Stress Design)	PD (Plastic Design)	LRFD(Load and Resistance Factor Design)
장점	• 전통성(Traditionality) • 친숙성(Familiarity) • 단순성(Simplicity) • 경험(Experience) • 편리성(Convenience)	• 극한하중 사용 • 하중특성 설계 반영 • 설계과정은 탄성설계와 유사	• 신뢰성(Reliability) • 안전율 조정성 • 거동(Behavior) • 재료 무관 시방서 • 경제성(Economy) • 설계형식
단점	• 신뢰도(Reliability) • 임의성(Arbitrary) • 보유내하력(Capacity) • 설계형식(Design Format)	• 사용성 별도 검토 • 소성설계를 위한 형강의 소 성단면 계수 제원을 사용하 여 적합한 단면 선택	• 변화(Change) • S/W(Software) • 이론에의 치중(Theory) • 보정(Calibration)

4. 결론

확률이론에 기초한 LRFD는 안전성은 극한상태를, 사용성은 사용한계상태를 검토하여 확보함으로써 강도설계법의 결점을 개선한 일보 진전된 설계법이다. LRFD는 균일한 안전 수준을 확보할 수 있으며 궁극적으로 모든 시방서가 나아가야 할 방향으로 사료된다.

02 강구조 설계에서 허용응력 설계법과 한계상태 설계법의 안전도 개념을 비교 설명하고 장단점을 기술하시오.

1. 한계상태 설계법

(1) 정의

한계상태 설계법(Limit State Design)은 구조물이 파괴될 파괴확률과 구조물이 파괴되지 않을 신뢰성 확률로 나타내어 안전성을 평가하는 설계방법이다.

구조물에 작용하는 실제 하중과 재료의 실제 강도로 하중과 강도의 변동을 고려하여 확률론적으로 구조물의 안전성을 평가하며, 구조물이 그 사용목적에 적합하지 않게 되는 어떤 한계상태에 도달되는 확률이 허용한도 이하가 되도록 하는 설계법이다.

(2) 적용방법

하중작용이나 재료강도 등에 대한 통계자료가 충분하지 못하므로 하중작용과 재료강도에 대한 안전계수를 부분적으로 도입하여, 구조물에 작용하는 극한 또는 한계하중으로 발생되는 부재력이 부재의 극한 또는 한계내력을 초과하지 않도록 설계하는 방법이다.

(3) 적용국가

1970년대 초 영국의 설계기준 BS8810에 등장하였으며, 1986년 미국의 AISC에서 채택한 설계기법으로서, 영국과 캐나다에서는 한계상태 설계법이라 부르고 있으나 미국에서는 하중 – 저항계수 설계법(LRFD ; Load and Resistance Factor Design)이라 부르고 있다.

(4) 의미

하중과 재료의 저항 관련 안전계수를 확정적인 설계안전율에 의하지 않고, 하중과 재료의 저항에 관련된 모든 불확실성을 확률 통계적으로 처리하는 신뢰성 이론에 기초하여 결정하므로 일관성 있는 적정 수준의 안전율을 확보할 수 있어 구조물의 신뢰도를 높이는 보다 합리적이고 새로운 설계방법이라 하겠다.

(5) 안전도 개념

구조물의 안전도와 신뢰도는 불확실량들의 통계적인 추정에 기초한 확률모형인 구조 신뢰성 방법에 의해 파손확률 P_f 또는 신뢰성 지수 β를 척도로 하여 해석해야 한다. 따라서 종래에 사용해 오던 공칭 안전율도 신뢰성 지수와 저항과 하중의 통계적 불확실량 (평균, 분산)의 함수로 유도되어야 한다.

1) 구조물의 파괴 확률

확률적인 구조 안전도는 구조물의 신뢰도 P_r 또는 한계상태 확률, 파괴확률 $P_f (= 1 - P_r)$에 의해 정의된다.

① 구조 부재의 안전도 : 랜덤 변량인 안전여유 $Z = R - S$에 의해 좌우

② $Z \leq 0$일 때 안전성을 상실한 파손 또는 파괴상태

③ 구조부재의 파손 확률 P_f

$$P_f = P(R \leq S)$$
$$= P(R - S \leq 0)$$
$$P_f = P(R/S \leq 1)$$
$$= P(\ln R - \ln S \leq 0)$$

2) 신뢰성 지수

확률적인 안전도의 정의로 파손 확률 대신에 상대적인 안전 마진을 나타내는 신뢰성 지수 즉, 안전도 지수(Safety Index)를 사용

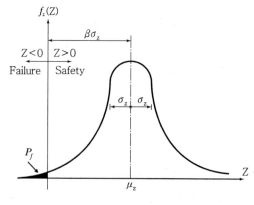

[안전여유의 분포]

β : 안전도 지수 또는 신뢰성 지수

$$P_f = \phi\left[\frac{-(\mu_R - \mu_S)}{\sqrt{(\sigma_S^2 + \sigma_R^2)}}\right] = \phi(-\beta)$$

$$\beta = \frac{\mu_Z}{\sigma_Z} = \frac{\mu_R - \mu_S}{\sqrt{\sigma_S^2 + \sigma_R^2}}$$

2. 허용응력법

(1) 개념

강재가 공칭항복응력(Nominal Yielding Stress)에 도달하면 파손이 일어난다고 하는 기준과 후크의 법칙을 따르는 이상적 선형 탄성 거동에 기초를 두고, 구조물 내의 응력이 허용응력을 넘을 수 없다는 가정에 기초를 두는 설계법

(2) 안전도 개념

1) 안전율을 사용하여 구조물의 허용내력을 사용

구조물에 사용되는 공칭 항복 강도를 안전율로 나눈 허용내력을 사용

$$F_a = \frac{F_y}{n}$$

2) 구조물에 작용하는 하중을 실제보다 크게 가정

하중계수를 사용하여 안전율이 적용된 계수 하중에 의해 구조물을 설계하는 방법

3. 각 설계법의 비교

(1) 설계법 비교

구분	ASD (Allowable Stress Design)	LSD (Limit State Design)
기본개념	재료를 탄성체로 보고 탄성이론에 의해 구한 응력이 재료의 허용응력을 초과하지 않도록 설계하는 방법 $$f \leq f_a$$	한계하중에 의한 부재력이 부재의 극한 또는 한계내력을 초과하지 않도록 하는 설계법 $$\phi R_n \geq \sum r_i Q_{ni}$$
장점	전통성, 친숙성, 단순성, 편리성	• 신뢰성, 안전성, 조정성 있음 • 재료와 무관한 시방서 • 경제성 있는 설계형식
단점	• 신뢰도 저하 • 임의성 내포	이론에 치중되어 보정 필요

(2) 고찰

확률이론에 기초한 LRFD설계법의 안전성은 극한상태를, 사용성은 사용한계상태를 검토하여 확보한다. 이는 강도설계법의 결점을 개선한 설계법으로, 일정한 안전수준을 확보할 수 있는 장점이 있다고 판단된다.

CHAPTER

03 접합일반

1. 구조용 강재의 강도

▼ [표 3.1] 주요 구조용 강재의 재료강도(N/mm²)

강도	강재 기호 / 판 두께	SS275	SM275 SMA275	SM355 SMA355	SM420	SM460	SN275	SN355	SHN275	SHN355
F_y	16mm 이하	275	275	355	420	460	275	355	275	355
	16mm 초과 40mm 이하	265	265	345	410	450				
	40mm 초과 75mm 이하	245	255	335	400	430	255	355		
	75mm 초과 100mm 이하		245	325	390	420			—	—
F_u	75mm 이하	410	410	490	520	570	410	490	410	490
	75mm 초과 100mm 이하								—	—

강도	강재 기호 / 판 두께	SM275–TMC[1]	SM355–TMC[1]	SM420–TMC[1]	SM460–TMC[1]	HSA650[1]
F_y	80mm 이하	275	355	420	460	650
F_u	80mm 이하	410	490	520	570	800

주) [1] TMC 강재 및 HSA650 강재의 적용두께는 80mm 이하

2. 접합재료의 강도

▼ [표 3.2] 고장력볼트의 재료강도(N/mm²)

최소강도 \ 볼트등급	F8T	F10T	F13T[1]
F_y	640	900	1,170
F_u	800	1,000	1,300

주) [1] KS B 1010에 의하여 수소지연파괴민감도에 대하여 합격된 시험성적표가 첨부된 제품에 한하여 사용하여야 한다.

▼ [표 3.3] 일반볼트의 재료강도(N/mm²)

강도구분 최소강도	
F_y	240
F_u	400

• 설계볼트장력 : 고장력볼트의 설계미끄럼강도를 구하기 위해 사용
• 표준볼트장력 : 마찰접합의 고장력볼트 조임 시 고장력볼트에 도입되는 장력의 풀림을 고려하여 설계볼트장력에 최소한 10% 할증한 볼트장력

3. 설계미끄럼강도

설계미끄럼강도 ϕR_n 은 미끄럼 한계상태에 대하여 다음과 같이 산정한다.

$\phi = 1.0$(표준구멍 또는 하중방향에 수직인 단슬롯구멍인 경우)
    0.85(대형구멍 또는 하중방향에 평행한 단슬롯구멍인 경우)
    0.75(장슬롯구멍인 경우)

$$R_n = \mu h_f T_o N_s \quad \cdots\cdots (3.1)$$

여기서, μ : 미끄럼계수(페인트칠하지 않은 블라스트 청소된 마찰면＝0.5)
      h_f : 필러계수
        ① 필러를 사용하지 않는 경우와 필러 내 하중의 분산을 위하여 볼트를 추가한 경우 또는 필러 내 하중의 분산을 위해 볼트를 추가하지 않은 경우로서 접합되는 재료 사이에 한 개의 필러가 있는 경우(＝1.0)
        ② 필러 내 하중의 분산을 위해 볼트를 추가하지 않은 경우로서 접합되는 재료 사이에 2개 이상의 필러가 있는 경우(＝0.85)
      T_o : 설계볼트장력(kN)
      N_s : 전단면의 수(마찰접합 및 지압접합에만 적용)

4. 고장력볼트의 설계인장강도 및 설계전단강도

밀착조임 또는 전인장조임된 고장력볼트의 설계인장강도 또는 설계전단강도 ϕR_n 은 인장파단과 전단파단의 한계상태에 대하여 다음과 같이 산정한다.

$\phi = 0.75$
$$R_n = F_n A_b N_s \quad \cdots\cdots (3.2)$$

여기서, F_n : ① 공칭인장강도 $F_{nt} = 0.75F_u\,(\text{N/mm}^2)$

② 공칭전단강도 $F_{nv} = 0.5F_u\,(\text{N/mm}^2)$(나사부 불포함)

$F_{nv} = 0.4F_u\,(\text{N/mm}^2)$(나사부 포함)

A_b : 고장력볼트의 공칭단면적(mm^2)

▼ **[표 3.4] 고장력볼트의 설계볼트장력과 표준볼트장력**

볼트의 등급	볼트의 호칭	공칭단면적 (mm²)	설계볼트장력[1] T_o(kN)	표준볼트장력[2] 1.1 T_o(kN)
F8T	M 16	201	84	93
	M 20	314	132	146
	M 22	380	160	176
	M 24	453	190	209
F10T	M 16	201	106	117
	M 20	314	165	182
	M 22	380	200	220
	M 24	453	237	261
F13T	M 16	201	137	151
	M 20	314	214	236
	M 22	380	259	285
	M 24	453	308	339

주) [1] 설계볼트장력은 고장력볼트의 인장강도의 0.7배에 유효단면적을 곱한 값
[2] 고장력볼트의 유효단면적은 공칭단면적의 0.75배

▼ **[표 3.5] 볼트의 공칭강도(N/mm²)**

강도 \ 볼트등급(강도구분)		고장력볼트			일반볼트
		F8T	F10T	F13T	
공칭인장강도, F_{nt}		600	750	975	300
지압접합의 공칭전단강도, F_{nv}	나사부가 전단면에 포함	320	400	520	160
	나사부가 전단면에 불포함	400	500	650	
$F_{nt}=0.75F_u,\ F_{nv}=0.5F_u$ 또는 $F_{nv}=0.4F_u$					

5. 볼트구멍의 설계지압강도

1) 표준구멍, 대형구멍, 단슬롯구멍의 모든 방향에 대한 지압력 또는 장슬롯구멍이 지압력 방향에 평행일 경우, 고장력볼트 구멍에 대한 설계지압강도 ϕR_n은 다음과 같이 산정한다.

① 사용하중상태에서 고장력볼트 구멍의 변형이 설계에 고려될 경우

$$\phi = 0.75$$
$$R_n = 1.2 L_c t F_u \, (\leq 2.4 dt F_u) \quad \cdots\cdots\cdots (3.3)$$

② 사용하중상태에서 고장력볼트 구멍의 변형이 설계에 고려되지 않을 경우

$$\phi = 0.75$$
$$R_n = 1.5 L_c t F_u \, (\leq 3.0 dt F_u) \quad \cdots\cdots\cdots (3.4)$$

2) 장슬롯 구멍에 구멍 방향의 수직방향으로 지압력을 받을 경우, 고장력볼트 구멍에 대한 설계지압강도 ϕR_n은 다음과 같이 산정한다.

$$\phi = 0.75$$
$$R_n = 1.0 L_c t F_u \, (\leq 2.0 dt F_u) \quad \cdots\cdots\cdots (3.5)$$

여기서, d : 고장력볼트의 공칭직경(mm)
  F_u : 피접합재의 공칭인장강도(N/mm²)
  L_c : 하중방향 순간격, 구멍의 끝과 피접합재의 끝 또는 인접구멍의 끝까지의 거리(mm)([그림 3.1] 참조)
  t : 피접합재의 두께(mm)

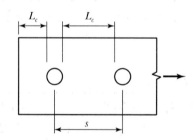

[그림 3.1] 하중방향의 순간격

6. 마찰접합에서의 인장력과 전단력의 조합

마찰접합에서 인장하중을 받아 고장력볼트의 장력이 감소할 경우, 설계미끄럼강도는 식 (3.1)에서 산정된 설계미끄럼강도에 다음 계수를 사용하여 감소시킨다.

$$k_s = 1 - \frac{T_u}{T_o N_b} \quad \cdots\cdots\cdots (3.6)$$

여기서, N_b : 인장력을 받는 고장력볼트의 수

$\qquad$ T_o : 설계볼트장력(kN)([표 3.4] 참조)

$\qquad$ T_u : 소요인장강도(kN)

7. 지압접합에서의 인장력과 전단력의 조합

지압접합에서 인장과 전단의 조합력을 받는 경우, 고장력볼트의 설계강도는 다음과 같이 인장과 전단파괴의 강도한계상태에 따라서 산정한다.

$$\phi = 0.75$$

$$R_n = F_{nt}{}' A_b \quad \text{............................} \quad (3.7)$$

여기서, $F_{nt}{}' = 1.3 F_{nt} - \dfrac{F_{nt}}{0.75 F_{nv}} f_v \leq F_{nt} \quad \text{..................} \quad (3.8)$

$\qquad$ $F_{nt}{}'$: 전단력을 고려한 공칭인장강도(N/mm²)

$\qquad$ F_{nt}, F_{nv} : 공칭인장강도 및 전단강도(N/mm²)([표 3.5] 참조)

$\qquad$ f_v : 소요전단응력(N/mm²)

단, 고장력볼트의 설계전단응력용 F_{nv} 는 단위면적당 소요전단응력 f_v 이상이 되도록 설계하며, 전단 또는 인장에 의한 소요응력 f 가 설계응력용의 20% 이하이면 조합응력의 효과를 무시할 수 있다.

8. 용접접합 설계

(1) 그루브 용접

그루브용접의 유효면적은 용접유효길이에 유효목두께를 곱한 것이며, 용접유효길이는 그림 3.2의 (b)와 같이 재축에 직각인 접합부분의 폭으로 한다. 또한 완전용입된 그루브용접의 유효목두께는 접합판 중 얇은 쪽의 판두께로 한다.

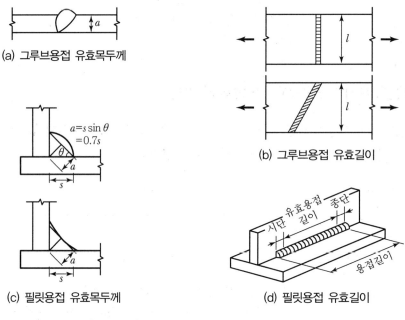

(a) 그루브용접 유효목두께

(b) 그루브용접 유효길이

$a=s\sin\theta$
$=0.7s$

(c) 필릿용접 유효목두께

(d) 필릿용접 유효길이

[그림 3.2] 용접 유효목두께 및 유효길이

(2) 필릿용접

목두께 $a = 0.7s\,(s\,:\,$필릿사이즈$)$

용접유효길이 $l_e = l - 2s$

유효면적 $A_w = al_e = 0.7s\,(l - 2s)$

▼ [표 3.6] 필릿용접의 최대사이즈(mm)

접합재 단부 판두께, t	필릿용접의 최대사이즈, s
$t < 6$	$s = t$
$t \geq 6$	$s = t - 2\text{mm}$

▼ [표 3.7] 필릿용접의 최소사이즈(mm)

접합부의 얇은 쪽 판두께, t	필릿용접의 최소사이즈
$t \leq 6$	3
$6 < t \leq 13$	5
$13 < t \leq 19$	6
$19 < t$	8

(3) 설계 강도

1) 모재 강도

$$R_n = F_{BM}A_{BM}$$

여기서, A_{BM} : 모재의 단면적(mm^2)
F_{BM} : 모재의 공칭강도$(\mathrm{N/mm}^2)$

2) 용접재 강도

$$R_n = F_wA_w = 0.6F_{vw}A_w$$

여기서, A_w : 용접유효면적(mm^2)
F_w : 용접재의 공칭강도$(\mathrm{N/mm}^2)$
ϕ : 0.75

▼ [표 3.8] 용접재의 요구강도$(\mathrm{N/mm}^2)$

모재 강종	적용가능 용접재료	용접재 인장강도(F_{vw})
인장강도 400N/mm²급 연강	KS D 7004 연강용 피복아크 용접봉	420
인장강도 490N/mm²급 고장력강	KS D 7006 고장력강용 피복아크 용접봉	490, 520
인장강도 400N/mm²급 연강	KS D 7104 연강 및 고장력강용 아크용접플러스코어선	420
인장강도 490N/mm²급 고장력강		490, 540
인장강도 400N/mm²급 연강	KS D 7025 연강 및 고장력강용 아크용접솔리드와이어	420
인장강도 490N/mm²급 고장력강		490

9. 항복조건

휨응력(σ)과 전단응력(v)을 동시에 받을 때

• Von Mises criteria

$$F_y = \sqrt{\sigma^2 + 3v^2} \quad \cdots\cdots (3.9)$$

• 필릿용접부의 응력산정

$$F_y = \sqrt{\sigma^2 + v^2} \quad \cdots\cdots (3.10)$$

01 고장력볼트 F8T와 F10T의 차이점에 대하여 설명하시오.

1. F10T 각 항목의 의미

F : for Friction Grip(마찰용)

10 : 인장강도 $100kgf/mm^2 = 10tonf/cm^2$

T : Tensile Strength

2. F8T와 F10T의 차이

F8T와 F10T는 마찰용 고장력 볼트를 의미하는데 인장강도가 $8tonf/cm^2$와 $10tonf/cm^2$로 서로 다르다. 인장강도 외에 항복강도, 연신율에서도 차이가 있다.

QUESTION

02

그림과 같은 이음부의 1면 마찰접합의 설계강도를 산정하시오. 강재는 SM275이고 고장력볼트는 M20(F10T, 표준구멍)이다. 나사부가 전단면에 포함되지 않으며, 이음부 플레이트는 안전하고, 사용하중상태에서 고장력볼트구멍의 변형이 설계에 고려된다고 가정한다. 마찰면은 블라스트 후 페인트칠하지 않았고, 필러를 사용하지 않았다.

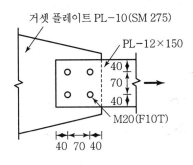

거셋 플레이트 PL-10(SM 275)

PL-12×150

40
70
40

M20(F10T)

40 70 40

1. 고장력볼트의 설계미끄럼강도(1면 전단)

$\phi R_n = \phi \mu h_f T_o N_s$

표준구멍 $\phi = 1.0$

페인트칠하지 않은 블라스트 청소된 마찰면 $\mu = 0.5$

필러를 사용하지 않은 경우 $h_f = 1.0$

$T_o = 165\text{kN}$

$N_s = 1(1\text{면전단})$

$\phi R_n = 1.0 \times 0.5 \times 1.0 \times 165 \times 1 = 82.5\text{kN}$

∴ 고장력볼트 4개에 대한 설계미끄럼강도 $82.5 \times 4 = 330\text{kN}$

2. 고장력볼트의 설계전단강도(1면 전단)

$\phi R_n = \phi n_b F_{nv} A_b N_s$

$\phi R_n = 0.75 \times 4 \times 500 \times 314 \times 1 \times 10^{-3} = 471\text{kN}$

3. 고장력볼트 구멍의 설계지압강도

$\phi R_n = \phi 1.2 L_c t F_u \leq \phi 2.4 dt F_u$

$\phi = 0.75$

연단 측 구멍 $L_c = 40 - 22/2 = 29\text{mm}$

나머지 구멍 $L_c = 70 - 22 = 48\text{mm}$

$t = 10\text{mm},\ d = 20\text{mm},\ F_u = 410\text{N/mm}^2$

(1) 연단 측 고장력볼트

$$\phi R_n = \phi 1.2 L_c t F_u = 0.75 \times 1.2 \times 29 \times 10 \times 410 \times 10^{-3} = 107.0\text{kN}$$

$$\leq \phi 2.4 dt F_u = 0.75 \times 2.4 \times 20 \times 10 \times 410 \times 10^{-3} = 147.6\text{kN} \rightarrow \text{O.K}$$

∴ 연단 측 고장력볼트 구멍의 설계지압강도 : 107.0kN

(2) 나머지 고장력볼트

$$\phi R_n = \phi 1.2 L_c t F_u \leq \phi 2.4 dt F_u$$

$$\phi R_n = \phi 1.2 L_c t F_u = 0.75 \times 1.2 \times 48 \times 10 \times 410 \times 10^{-3} = 177.1\text{kN}$$

$$\geq \phi 2.4 dt F_u = 0.75 \times 2.4 \times 20 \times 10 \times 410 \times 10^{-3} = 147.6\text{kN} \rightarrow \text{N.G}$$

나머지 고장력볼트 구멍의 설계지압강도 : 147.6kN

∴ 고장력볼트 4개에 대한 설계지압강도 $= 107.0 \times 2 + 147.6 \times 2 = 509.2\text{kN}$

4. 마찰접합 설계강도

$\phi R_n = \min(330,\ 471,\ 509.2) = 330\text{KN}$

QUESTION

03 그림과 같이 고장력볼트 지압접합으로 되어 있는 브레이스 접합부에 소요인장력 $P_u = 700\text{kN}$이 작용할 때, 고장력볼트의 안전성을 검토하고 필릿용접의 용접길이를 산정하시오. 부재의 재질은 모두 SM355이고, 필릿사이즈는 10mm로 가정하며 편심의 영향은 무시한다. 용접재(KS D 7006 고장력강용 피복아크 용접봉)의 인장강도는 $F_{uw} = 490$ N/mm²이다. 필릿용접 이음부의 설계강도는 용접재의 강도로 결정되도록 한다.(나사부가 전단면에 포함 $F_{nt} = 750\text{N/mm}^2$, $F_{nu} = 400$ N/mm²)

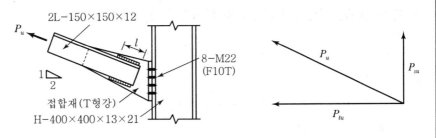

1. 안전성 검토

(1) 계수하중

$$P_u = 700\text{kN}$$

$$P_{tu} = P_u \frac{2}{\sqrt{5}} = 626\text{kN} \Rightarrow 626/8 = 78.3\text{kN}/볼트$$

$$P_{su} = P_u \frac{1}{\sqrt{5}} = 313\text{kN} \Rightarrow 313/8 = 39.1\text{kN}/볼트$$

(2) 지압접합에서 볼트 설계강도

인장력과 전단력을 동시에 받는 M22(F10T) 볼트 1개의 설계인장강도($F_{nt}{'}$)

$$\phi R_n = \phi F_{nt}{'} A_b$$

$$\phi = 0.75$$

$$A_b = 380 \text{mm}^2$$

$$F_{nt}{}' = 1.3 F_{nt} - \frac{F_{nt}}{\phi F_{nv}} f_v \leq F_{nt}$$

$$f_v = \frac{P_{su}}{A_b} = 39.1 \times 10^3 / 380 = 102.9 \text{N/mm}^2 (\text{소요전단응력})$$

$$F_{nt}{}' = 1.3 \times 750 - \frac{750}{0.75 \times 400} \times 102.9 = 717.8 \leq F_{nt} = 750 \text{N/mm}^2$$

$$\phi R_n = 0.75 \times 717.8 \times 380 = 204{,}573 \text{N} = 204.6 \text{kN} \geq P_{tu}(= 78.3 \text{kN}) \quad \therefore \text{ OK}$$

2. 용접길이산정

(1) 단위길이당 필릿용접 이음부의 설계강도 및 유효용접길이

필릿용접 이음부의 설계강도는 용접재의 강도로 결정되도록 한다.

$$\phi = 0.75$$

$$F_w = (0.6 F_{uw}) = 0.6 \times 490 = 294 \text{N/mm}^2$$

$$a = 0.7s = 0.7 \times 10 = 7 \text{mm}$$

$$A_w = a \times 1 (\text{단위길이}) = 7 \times 1 = 7 \text{mm}$$

$$F_w A_w = 0.75 \times 294 \times 7 = 1{,}543.5 \text{N/mm}$$

소요 유효용접길이

$$l_e \geq P_u / (\phi F_w A_w) = 700 \times 10^3 / 1{,}543.5 = 454 \text{mm}$$

(2) 용접길이

$$l_e = l_{e1} + l_{e2} = 454 \text{mm}$$

$$l_{e1} = l_{e2} = 227 \text{mm}$$

$$l = l_{e1}(= l_{e2}) + 2s = 227 + 2 \times 10 = 247 \text{mm} \quad \therefore \text{ use } 250 \text{mm}$$

04

다음 그림과 같이 인장과 전단의 조합력을 받는 접합부에 대하여 검토하시오.(단, 사용된 M16 볼트의 설계전단강도는 60.3kN/ea, 설계인장강도는 113kN/ea, 접합면의 미끄럼강도는 검토를 제외한다.)

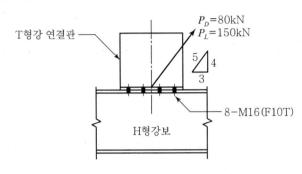

1. 계수하중에 의한 작용하중

$$P_u = 1.2P_D + 1.6P_L = 1.2 \times 80 + 1.6 \times 150 = 336\text{kN}$$

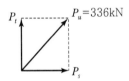

$$P_t = 336 \times \frac{4}{5} = 268.8\text{kN}$$

$$P_s = 336 \times \frac{3}{5} = 201.6\text{kN}$$

$$P_{tu} = \frac{268.8}{8} = 33.6\text{kN/볼트}$$

$$P_{su} = \frac{201.6}{8} = 25.2\text{kN/볼트}$$

2. 지압접합에서 인장력과 전단력을 동시에 받는 고장력볼트의 설계강도(ϕR_n)

$$\phi R_n = \phi F_{nt}{}' A_b$$

$$\phi = 0.75, \qquad A_b = 201\text{mm}^2$$

$$F_{nt}{}' = 1.3F_{nt} - \frac{F_{nt}}{\phi F_{nv}} f_v \leq F_{nt}$$

$$F_{nt} = \frac{113 \times 10^3}{201} - 562.2\text{N}/\text{mm}^2$$

$$F_{nv} = \frac{60.3 \times 10^3}{201} = 300.0\text{N}/\text{mm}^2$$

$$f_v = \frac{25.2 \times 10^3}{201} = 125.4\text{N}/\text{mm}^2 (\text{소요 전단응력})$$

$$F_{nt}' = 1.3 \times 562.2 - \frac{562.2}{0.75 \times 300} \times 125.4 = 417.53 \leq F_{nt} = 562.2\text{N}/\text{mm}^2 \quad \therefore \text{ OK}$$

3. 설계강도

$$\phi R_n = \phi F_{nt}' A_b = 0.75 \times 417.53 \times 201 \times 10^{-3} = 62.94\text{kN} > P_{tu} = 33.6\text{kN} \quad \therefore \text{ OK}$$

QUESTION

05

그림과 같은 접합부에 $P_u = 340$kN이 작용할 때 다음을 검토하시오.

1) 필릿용접 사이즈(s=6)가 최소 사이즈와 최대 사이즈 사이에 있는가를 검토하고 필릿용접부의 용접길이를 구하시오.

2) 마찰접합인 고장력볼트 접합부의 설계미끄럼강도를 구하고 안전성을 검토하시오.

- 강재 : SM490
- 고장력볼트 : M22(F10T, 표준구멍)
- 미끄럼계수 $\mu = 0.5$
- 필러계수 $h_f = 1.0$
- 설계볼트장력 $T_o = 200$kN
- 필릿용접은 양측면 대칭으로 설계
- 필릿용접부의 설계강도는 용접재의 강도로 결정함
- 용접재의 인장강도 : $F_{uw} = 490\text{N}/\text{mm}^2$

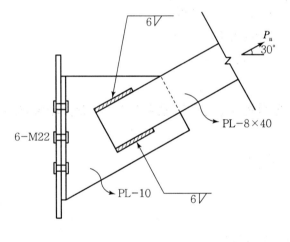

---

1. 필릿용접 size 검토 및 용접길이

(1) 최대 size

얇은 Plate의 판 두께 $t = 8$mm

$t \geq 6$mm

$s = t - 2 = 8 - 2 = 6$mm

(2) 최소 size

$6 < t \leq 13$

최소 size $s = 5\text{mm}$

$\therefore s = 6\text{mm}$는 적합함

(3) 용접길이

강도에 의해 지배되는 필릿용접의 최소유효길이 : $4s$

$l_e = 2 \times 4 \times 6 = 48\text{mm}$

2. 고장력 Bolt의 설계 미끄럼 강도

(1) 작용력

$P_u = 340\text{kN}$

$P_{t(수평)} = 340 \times \cos 30° = 294.45\text{kN}$

$P_{s(수직)} = 340 \times \sin 30° = 170.0\text{kN}$

$P_{tu} = 294.45/6 = 49.08\text{kN}/볼트$

$P_{su} = 170.0/6 = 28.33\text{kN}/볼트$

(2) 마찰접합에서 인장력과 전단력을 동시에 받는 고장력볼트의 설계미끄럼강도

$$\phi k_s R_n = \phi \left(1 - \frac{T_u}{T_o}\right) R_n$$

$\phi = 1.0$

$T_o = 200\text{kN}$

$T_u = P_{tu} = 49.08\text{kN}/볼트$

$R_n = \mu h_f T_o N_s = 0.5 \times 1.0 \times 200 \times 1 = 100\text{kN}$

$\phi k_s R_n = 1.0 \times \left(1 - \dfrac{49.08}{200}\right) \times 100 = 75.46\text{kN} > P_{su} = 28.33\text{kN} \quad \therefore \text{ OK}$

QUESTION

06

그림과 같은 접합부에 고정하중과 활하중이 각각 $P_D = 75\text{kN}$, $P_L = 50\text{kN}$이 작용할 때 편심접합이 되지 않도록 필릿용접 이음부의 적절한 용접길이를 구하시오. 모재는 SM275, 용접재(KS D 7004 연강용 피복아크 용접봉)의 인장강도는 $F_{uw} = 420\text{N/mm}^2$이다.

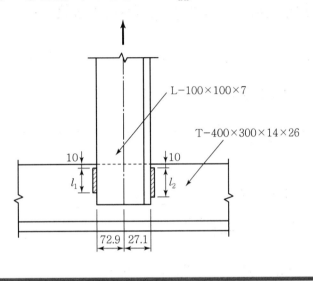

1. 계수하중

$$P_U = 1.2P_D + 1.6P_L = 1.2 \times 75 + 1.6 \times 50 = 170\text{kN}$$

2. 필릿 사이즈

얇은 쪽 판 두께가 7mm이므로

$$t \geq 6, \quad s = (t-2)\text{m} = (7-2)\text{m} = 5\text{mm}$$

3. 단위길이당 필릿용접 이음부의 설계강도 및 유효용접길이

용접재의 강도

$$\phi = 0.75$$

$$F_w = (0.6F_{uw}) = 0.6 \times 420 = 252\text{N/mm}^2$$

$$a = 0.7s = 0.7 \times 5 = 3.5\text{mm}$$

$$A_w = a \times 1 = 3.5 \times 1 = 3.5 \text{mm}^2 / \text{단위길이}$$

$$\therefore \phi F_w A_w = 0.75 \times 252 \times 3.5 = 661.5 \text{N/mm}$$

소요 유효 용접길이 $l_e = P_u / (\phi F_w A_w)$

$$= 170 \times 10^3 / 661.5 = 257 \text{mm}$$

4. 편심접합이 되지 않도록 하는 용접길이의 배분

$$l_e = L_1 + L_2 = 257 \quad \cdots\cdots\cdots\cdots\cdots ①$$

재축중심선에 대한 모멘트 평형조건식

$$L_1 \times 72.9 = L_2 \times 27.1 \quad \cdots\cdots\cdots\cdots\cdots ②$$

즉, $L_2 = 2.69 L_1$

①, ②를 연립하여 풀면

$L_1 = 69.7 \text{mm}, \ L_2 = 187.3 \text{mm}$

$\therefore$ 소요 실제용접길이 = 소요 유효용접길이 $+ 2s$

$l_{1,req} = L_1 + 2s = 69.7 + 2 \times 5 = 79.7 \rightarrow l_1 = 80 \text{mm}$

$l_{2,req} = L_2 + 2s = 187.3 + 2 \times 5 = 197.3 \rightarrow l_2 = 200 \text{mm}$

07

그림과 같이 브라켓에 고정하중이 $P_D = 100\text{kN}$, 활하중이 $P_L = 50$ kN 작용할 때, 이음부를 양면 필릿용접으로 할 경우 접합부의 안전성을 검토하시오. 모재는 SM275, 용접재(KS D 7004 연강용 피복아크 용접봉)의 인장강도는 $F_{uw} = 420\text{N/mm}^2$이다. 기둥 플랜지와 브라켓의 단면적은 충분히 크다고 가정한다.

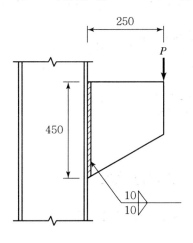

1. 필릿용접 이음부에 작용하는 응력

(1) 계수하중

$$P_u = 1.2P_D + 1.6P_L = 1.2 \times 100 + 1.6 \times 50 = 200\text{kN}$$

(2) 필릿용접 이음부에 작용하는 부재력

$$M = P_u \times e = 200 \times 250 = 50,000\text{kN} \cdot \text{mm}$$
$$V = P_u = 200\text{kN}$$

2. 필릿용접의 유효목두께 및 용접유효길이

$$a = 0.7s = 0.7 \times 10 = 7\text{mm}$$
$$l_e = l - 2s = 450 - 2 \times 10 = 430\text{mm}$$

양면 필릿용접의 유효면적 및 단면계수

$$A_w = (a \cdot l_e) \times 2\text{면} = 7 \times 430 \times 2 = 6,020\text{mm}^2$$

$$S_w = \frac{a \cdot l_e^2}{6} \times 2\text{면} = \frac{7 \times 430^2 \times 2}{6} = 431,433\text{mm}^3$$

3. 휨모멘트에 의한 축방향응력 및 전단력에 의한 전단응력

$$\sigma_u = \frac{M}{S_w} = \frac{50,000 \times 10^3}{431,433} = 116\text{N/mm}^2$$

$$v_u = \frac{V}{A_w} = \frac{200 \times 10^3}{6,020} = 33\text{N/mm}^2$$

4. 필릿용접 이음부의 안전성 검토

조합응력을 받는 필릿용접 이음부의 응력

$$\sqrt{\sigma_u^2 + v_u^2} = \sqrt{116^2 + 33^2}$$

$$= 120.6\text{N/mm}^2 < \phi F_w = 0.75(0.6F_{uw})$$

$$= 0.75 \times 0.6 \times 420 = 189\text{N/mm}^2 \qquad \therefore \text{ OK}$$

08 : 비틀림이 작용하는 용접부 검토 계산방법

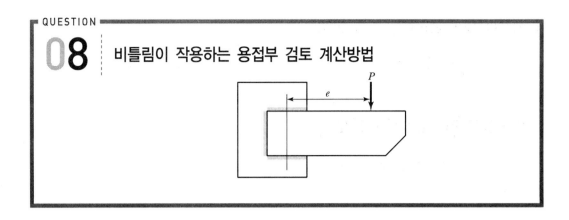

1. 용접부 도심 산정

$$x' = \frac{\sum l_i * S_i * x_i}{\sum l_i * S_i} \quad y' = \frac{\sum l_i * S_i * y_i}{\sum l_i * S_i}$$

여기서, l_i : 용접길이

S_i : 용접치수

x_i, y_i : 용접 도심까지의 거리

2. 전단력에 대한 전단응력 산정

- 총전단력 : $V = P$

- 전단응력 : $v_i = \dfrac{V}{A_w}$

3. 비틀림에 의한 전단응력 산정

- 비틀림 모멘트 : $T = P \times e$

- 극관성모멘트 : $J = I_x + I_y$

- 가장 멀리 떨어져 있는 용접부의 전단력 산정

$$f_i = \frac{P \times e}{J} \times d_i$$

여기서, d_i : 용접도심에서 가장 멀리 떨어진 용접부 까지의 거리

4. 용접에 대한 전단력의 합력 산정

$$\tau = \sqrt{f_i^2 + v_i^2 + 2f_i v_i \cos 2\theta}$$

5. 안전검토 혹은 용접치수 산정

용접부 검토 : $\tau < \phi F_w = 0.75 \times 0.6 F_{uw}$

QUESTION

09

브라켓에 고정하중 $P_D = 50\text{kN}$, 활하중 $P_L = 40\text{kN}$이 작용할 때, 필릿 용접부의 안전성을 검토하시오.(단, 기둥 및 브라켓 단면은 충분히 안전한 것으로 가정하며, 용접재의 인장강도 $F_{uw} = 420\text{MPa}$이다.)

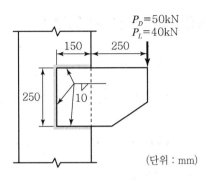

1. 계수하중

- $P_u = 1.2P_D + 1.6P_L = 1.2 \times 50 + 1.6 \times 40 = 124\text{kN}$

  필릿용접 이음부에 작용하는 부재력

- 용접부 도심 : $\overline{x} = \dfrac{250 \times 0 + 2 \times 150 \times \dfrac{150}{2}}{250 + 150 \times 2} = 40.9\text{mm}$

  $$e = 250 + 150 - 40.9 = 359.1\text{mm}$$

- $V = P_u = 124\text{kN}$

- $T = P_u \cdot e = 124 \times 359.1 = 44{,}528\text{kN} \cdot \text{mm}$

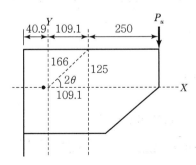

2. 필릿용접의 유효목두께 및 유효용접길이

- $a = 0.7s = 0.7 \times 10 = 7 \mathrm{mm}$
- $l_e = l - 2s = (150 \times 2 + 250) - 2 \times 10 = 530 \mathrm{mm}$

3. 필릿용접의 유효면적 및 단면2차 모멘트

- $A_w = a l_e = 7 \times 530 = 3{,}710 \mathrm{mm}^2$
- $I_X = \dfrac{7 \times 250^3}{12} + 2 \times 150 \times 7 \times \left(\dfrac{250}{2}\right)^2 = 41{,}927{,}083 \mathrm{mm}^4$
- $I_Y = 2 \times \left(\dfrac{7 \times 150^3}{12} + 150 \times 7 \times (75 - 40.9)^2\right) + 250 \times 7 \times 40.9^2 = 9{,}306{,}819 \mathrm{mm}^2$
- $J = I_X + I_Y = 51{,}233{,}902 \mathrm{mm}^2$

4. 휨응력 및 전단응력

- 가장 멀리 떨어져 있는 용접부의 비틀림에 의한 전단력
- $\tau_u = \dfrac{Pe}{J} \times d_i = \dfrac{44{,}528 \times 10^3}{51{,}233{,}902} \times \sqrt{109.1^2 + 125^2} = 144.2 \mathrm{N/mm}^2$
- $\nu_u = \dfrac{V}{A_w} = \dfrac{124 \times 10^3}{3{,}710} = 33.42 \mathrm{N/mm}^2$

5. 전단력의 합력

$$R = \sqrt{\tau_u^2 + \nu_u^2 + 2\tau_u \nu_u \cos 2\theta} = \sqrt{144.2^2 + 33.42^2 + 2 \times 144.2 \times 33.42 \times 0.75}$$
$$= 170.7 \mathrm{N/mm}$$

6. 필릿용접부 안전성 검토

$$R = 170.7 \mathrm{N/mm}^2 < \phi F_w = 0.75(0.6 F_{uw})$$
$$= 0.75 \times 0.6 \times 420 = 189.0 \mathrm{N/mm}^2 \qquad \therefore \text{ OK}$$

$\therefore$ 구조적으로 안전함

10 비틀림이 작용하는 용접부 검토 계산

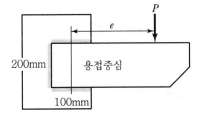

용접치수 8mm, 용접재의 인장강도는 $F_{uw} = 420\text{N}/\text{mm}^2$,
$e = 300.0\text{mm}$, $P(\text{kN})$를 산정하시오.

1. 용접부 도심 산정

$$x' = \frac{\sum l_i \times S_i \times x_i}{\sum l_i \times S_i} \quad y' = \frac{\sum l_i \times S_i \times y_i}{\sum l_i \times S_i}$$

$$x' = 2EA \times 100 \times 50 / (200 + 2EA \times 100) = 25\text{mm}$$

$$I_x = 1 \times \frac{200^3}{12} + 2EA \times \left\{ 0 + 100 \times \left(\frac{200}{2}\right)^2 \right\} = 2,666,667\text{mm}^4$$

$$I_y = 2 \times \left\{ 1 \times \frac{100^3}{12} + 100 \times (50 - 25)^2 \right\} + 200 \times 25^2 = 416,667\text{mm}^4$$

$$J = I_x + I_y = 3,083,334\text{mm}^4$$

여기서, l_i : 용접길이
$\quad\quad\quad S_i$: 용접치수
$\quad\quad\quad x_i, y_i$: 용접 도심까지의 거리

2. 전단력에 대한 단위길이당 전단력 산정

- 총전단력 : $V = P = 1,000P(\text{N})$

- 단위길이당 전단력 : $V_i = \dfrac{V}{\sum l_i} = 1,000P/(100 \times 2 + 200) = 2.5P$

3. 비틀림에 의한 전단력 산정

- 비틀림 모멘트 : $T = P \times e = 1000 \times P \times (225 + 75) = 300,000P$

- 극관성 모멘트 : $J = I_x + I_y = 3,083,334\text{mm}^4$

- 가장 멀리 떨어져 있는 용접부의 전단력 산정

$$R_i = \frac{P \times e}{J} \times d_i = 300,000P \times \sqrt{(75^2 + 100^2)}/3,083,334 = 12.16P$$

여기서, d_i : 용접도심에서 가장 멀리 떨어진 용접부까지의 거리

4. 볼트에 대한 전단력의 합력 산정

$$R = \sqrt{R_i^2 + V_i^2 + 2R_i V_i \cos 2\theta}$$
$$R = \sqrt{(2.5P)^2 + (12.16P)^2 + (2 \times 2.5P \times 12.16P \times 0.6)} = 13.8P$$

5. 안전검토 혹은 용접치수 산정

용접부 검토

$$R < R_a = \phi F_w(0.7s) = 0.75(0.6\,F_{uw})0.7s = 0.75(0.6 \times 420) \times 0.7 \times 8 = 1,058.4$$
(단위길이당 허용 전단력)

$13.8P < 1058.4$
$P = 1,058.4/13.8 = 77\text{kN}$

11

$P = 200\text{kN}$이 작용하는 브라켓을 필릿용접으로 연결할 때 필릿용접 치수를 구하시오. 단, 용접재의 인장강도는 $F_{uw} = 420\text{N/mm}^2$

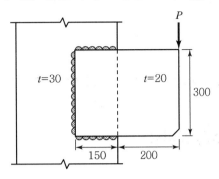

1. 단면의 성질

(1) 용접부의 도심

- 용접길이 : $\sum L = 300 + 2(150) = 600\text{mm}$
- 용접부의 도심 : $x_o = 37.5\text{mm}$
$$y_o = 150\text{mm}$$

(2) 단면2차모멘트(단위 용접길이당)

- $I_x = \left(\dfrac{1 \times 300^3}{12}\right) + 2(150 \times 1)(150^2) = 9 \times 10^6 \text{mm}^4$

- $I_y = (300 \times 1 \times 37.5^2) + 2\left[\left(\dfrac{1 \times 150^3}{12}\right) + \left\{150 \times 1 \times (75 - 37.5)^2\right\}\right] = 1.41 \times 10^6 \text{mm}^4$

(3) 비틀림상수(단위 용접길이당)

$$J = I_x + I_y = 10.41 \times 10^6 \text{mm}^4$$

2. 단면력 산정

(1) 전단력

$V = 200\text{kN}$

(2) 비틀림

$T = 200\,(312.5) \times 10^{-3} = 62.5\text{kN} \cdot \text{m}$

3. 작용응력(단위 용접길이당)

(1) 전단응력

$$\nu_s = \frac{200 \times 10^3}{600} = 333.3\text{N}/\text{mm}^2$$

(2) 비틀림응력

$$r_{\max} = \sqrt{112.5^2 + 150^2} = 187.5\text{mm}, \ \cos\theta = \frac{112.5}{187.5} = 0.6$$

$$\nu_r = \frac{62.5 \times 10^6}{10.41 \times 10^6} \times 187.5 = 1,125.7\text{N}/\text{mm}^2$$

(3) 최대합성응력

$$\nu_R = \sqrt{333.3^2 + 1,125.7^2 + (2 \times 333.3 \times 1,125.7 \times 0.6)} = 1,352\text{N}/\text{mm}^2$$

4. 용접치수 s의 산정

$\nu_R \leq \phi F_w (0.7s) = \phi (0.6\,F_{uw})(0.7s)$

$1,352 \leq 0.75\,(0.6 \times 420)\,(0.7s)$

$s \geq 7.15\text{mm}$

5. 용접치수의 검토

최대 size : $s = t - 2\,(\text{mm}) = 20 - 2 = 18\text{mm}$

최소 size : $t > 19\text{mm}$: $s = 8\text{mm}$

$\therefore \ \text{use} \ s = 8\text{mm}$

12

아래 그림과 같은 하중을 받는 부재에 대한 필릿용접 치수를 계산하시오.(용접재의 인장강도 $F_{uw} = 420\,\text{N}/\text{mm}^2$, 작용하중은 600kN이며, 모재두께는 20mm이다.)

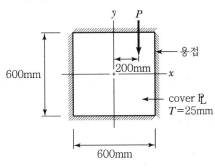

1. 단면의 성질

(1) 용접길이

$$\Sigma L = 4 \times 600 = 2,400\text{mm}$$

(2) 단면2차모멘트(단위 용접길이당)

$$I_x = I_y = 2\left[\left(\frac{1 \times 600^3}{12}\right) + (600 \times 1)(300^2)\right] = 144 \times 10^6 \text{ mm}^4$$

(3) 비틀림상수(단위 용접길이당)

$$J = I_x + I_y = 288 \times 10^6 \text{ mm}^4$$

2. 단면력 산정

(1) 전단력

$$V = 600\text{kN}$$

(2) 비틀림

$$T = (600)(200) \times 10^{-3} = 120\text{kN} \cdot \text{m}$$

3. 작용응력(단위 용접길이당)

(1) 전단응력

$$\nu_s = \frac{600 \times 10^3}{2400} = 250 \, \text{N/mm}^2$$

(2) 비틀림응력

$$r_{\max} = \sqrt{300^2 + 300^2} = 424.3 \text{mm}, \ \cos\theta = \frac{300}{424.3} = 0.707$$

$$\nu_r = \frac{120 \times 10^6}{288 \times 10^6}(424.3) = 176.8 \, \text{N/mm}^2$$

(3) 최대합성응력

$$\nu_R = \sqrt{250^2 + 176.8^2 + (2 \times 250 \times 176.8 \times 0.707)} = 395 \text{N/mm}^2$$

4. 용접치수 s 의 산정

$$\nu_R \leq \phi F_w(0.7s) = \phi(0.6 F_{uw})(0.7s)$$

$$395 \leq 0.75(0.6 \times 420)(0.7s)$$

$$s \geq 3 \, \text{mm}$$

5. 용접치수의 검토

최대 size : $s = t - 2(\text{mm}) = 20 - 2 = 18\text{mm}$

최소 size : $t > 19\text{mm}$: s = 8mm

$\therefore$ use $s = 8\text{mm}$

CHAPTER 04 인장재의 설계

1. 유효순단면적

접합부에서 어느 정도 떨어진 위치에서는 인장재 내의 응력은 단면에 걸쳐 균등하게 분포된다. 그러나 접합부 부근에서는 접합의 형태에 따라 응력의 분포가 달라질 수 있다. [그림 4.1]과 같이 인장재의 한 변만이 접합에 사용된 경우에는 접합의 중심이 인장재의 중심과 일치하지 않게 되어 편심에 의한 영향이 발생하게 된다. 이처럼 편심이 발생하는 접합부에서의 응력의 흐름을 살펴보면 인장력은 먼저 접합에 사용된 면을 통해 전단응력의 형태로 점차 전체 단면으로 전달되게 된다. 이때 접합에 사용된 면은 전체가 인장력을 받게 되나 접합에 사용되지 않은 면에는 인장력이 불균등하게 생기게 되는데 이러한 현상을 전단지연(전단뒤짐, shear lag)이라 한다.

이러한 전단지연의 영향을 고려하기 위해 순단면적 대신에 다음과 같은 유효순단면적 A_e를 사용한다.

$$A_e = UA_n \quad \cdots\cdots\cdots\cdots (4.1)$$

여기서, U : 전단지연계수
$U = 1 - \overline{x}/l, \ \overline{x} = \left(\overline{x_1}, \ \overline{x_2} \right)_{\max}$ $\cdots\cdots$ ([그림 4.1] 참조)

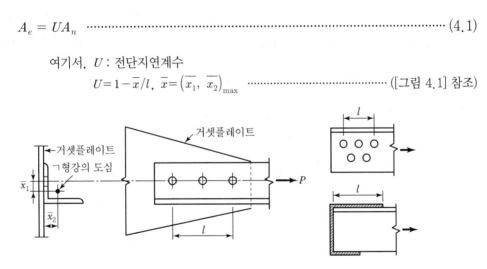

[그림 4.1] 유효순단면적

▼ [표 4.1] 인장재 접합부의 전단지연계수(U)

사례	요소 설명		전단지연계수, U	기타
1	인장력이 용접이나 파스너를 통해 각각의 단면 요소에 직접적으로 전달되는 모든 인장재		$U = 1.0$	–
2	H형강 또는 T형강	하중방향으로 매 열당 3개 이상의 파스너로 접합한 플랜지의 경우	$b_f \geq (2/3)d \cdots U = 0.9$ $b_f < (2/3)d \cdots U = 0.85$	d : 형강의 높이
		하중방향으로 매 열당 4개 이상의 파스너로 접합한 웨브 연결의 경우	$U = 0.70$	–

2. 블록전단파단

고장력볼트의 사용이 증가함에 따라 접합부의 설계는 보다 적은 개수의 그리고 보다 큰 직경의 볼트를 사용하는 경향이 생겼다. 그러나 이러한 경향으로 접합부에서 블록전단파단 (block shear rupture)이라는 파괴양상이 일어날 수 있는 가능성이 커지게 되었다. 블록전단파단이란 [그림 4.2] (a)에서와 같이 $a-b$ 부분의 전단파단과 $b-c$ 부분의 인장파단에 의해 접합부의 일부분이 찢겨 나가는 파단형태이다(Ricles와 Yura, 1983, Hardash와 Bjorhovde, 1985).

전단파괴선을 따라 발생하는 전단파단과 직각으로 발생하는 인장파단의 블록전단파단 한계상태에 대한 설계강도는 다음과 같이 산정한 공칭강도에 $\phi = 0.75$를 적용하여 구한다.

$$R_n = \left[0.6F_u A_{nv} + U_{bs}F_u A_{nt} \right] \leq \left[0.6F_y A_{gv} + U_{bs}F_u A_{nt} \right] \quad \cdots\cdots\cdots\cdots\cdots\cdots\cdots (4.2)$$

여기서, A_{gv} : 전단저항 총단면적(mm²)

A_{nv} : 전단저항 순단면적(mm²)

A_{nt} : 인장저항 순단면적(mm²)

U_{bs} : 인장응력이 균일할 경우 1.0, 불균일할 경우 0.5 적용

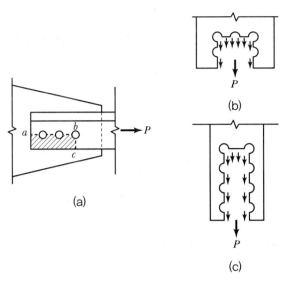

[그림 4.2] 블록전단파단

3. 인장재의 설계

$$P_u \leq \phi_t P_n \quad\text{(4.3)}$$

인장재의 설계인장강도는 한계상태에 대한 강도인 식 (4.4), (4.5)에 의한 $\phi_t P_n$과 식 (4.2)에 의한 블록전단파단강도 중 작은 값으로 결정된다(Kulak, 1987).

(1) 총단면의 항복

$$P_n = F_y A_g \quad\text{(4.4)}$$

$$\phi_t = 0.90$$

(2) 유효순단면의 파단

$$P_n = F_u A_e \quad\text{(4.5)}$$

$$\phi_t = 0.75$$

여기서, F_y : 항복강도(N/mm²)

F_u : 인장강도(N/mm²)

A_e : 유효순단면적(mm²)

A_g : 총단면적(mm²)

P_n : 공칭인장강도(N)

01

아래 그림 인장재의 순단면적을 구하시오.(단, 볼트의 직경은 22mm, 판의 두께는 6mm이다.)

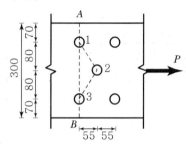

1. 파단선 $A-1-3-B$

$$A_n = \{300 - (2)(24)\}(6) = 1,512\,\text{mm}^2$$

2. 파단선 $A-1-2-3-B$

$$A_n = \left\{300 - (3)(24) + (2)\frac{(55^2)}{(4)(80)}\right\}(6) = 1,482\,\text{mm}^2$$

$$\therefore\ A_n = 1,482\,\text{mm}^2$$

QUESTION

02

그림과 같이 인장력을 받는 등변 L형강(L-150×150×12)의 순단면적을 구하시오.(단, 볼트구멍의 지름은 22mm, 등변 L형강의 단면적은 3,477mm²이다.)

$g = 65 + 55 - 12 = 108 \text{mm}$

1. 파단선 $A-1-3-B$

$$A_n = 3,477 - (2)(24)(12) = 2,901 \text{mm}^2$$

2. 파단선 $A-1-2-3-B$

$$A_n = 3,477 - (3)(24)(12) + \left\{ \frac{65^2}{4(65)} + \frac{65^2}{4(108)} \right\}(12) = 2,925 \text{mm}^2$$

$$\therefore A_n = 2,901 \text{mm}^2$$

03

그림과 같이 두께 19mm SM400 강판에 직경 22mm 볼트를 배치할 경우 인장력 T=525kN을 지지할 수 있는 피치 s를 결정하시오. ($f_a = 140$MPa)

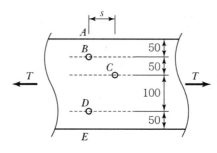

1. 순단면적 산정

① 사용볼트 직경 : $d = 22$mm

② Plate 폭 : $b = 250$mm

③ Plate 두께 : $t = 19$mm

④ Plate 순폭 산정

$$b_n = b - n(d+2\text{mm}) + \sum \frac{s^2}{4g} = 250 - 3(22+2) + \left(\frac{s^2}{4 \times 50} + \frac{s^2}{4 \times 100} \right)$$

$$= 178 + \frac{3s^2}{400}$$

⑤ Plate 순단면적 산정

$$A_n = b_n \times t = \left(178 + \frac{3s^2}{400} \right) \times 19 = 3,382 + \frac{57s^2}{400}$$

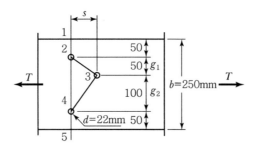

2. 피치(s) 결정

① Plate 허용응력

$$f_a = 140 \, \text{N/mm}^2 [\, \text{SM400} \,]$$

② Plate 인장응력 산정

$$f = \frac{T}{A_n} = \frac{525 \times 10^3}{\left(3{,}382 + \dfrac{57s^2}{400}\right)} \leq f_a = 140$$

③ 피치(s) 결정

$$s \geq \sqrt{\left(\frac{525 \times 10^3}{140} - 3{,}382\right)\frac{400}{57}} = 50.8 \, \text{mm}$$

$$\therefore \, s_{used} = 60 \, \text{mm} > s_{req'd} = 50.8 \, \text{mm}$$

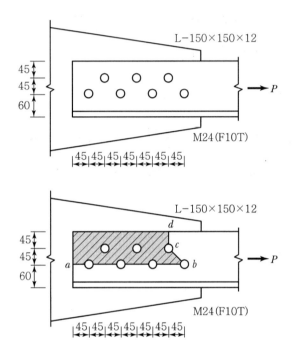

04

다음 그림과 같이 L−150×150×12를 인장재로 하여 볼트접합을 할 때 설계블록전단파단강도를 구하시오.[다만, 형강의 재질은 SM275 ($F_y = 275\text{N/mm}^2$, $F_u = 410\text{N/mm}^2$)이며 사용고장력볼트는 M24 (F10T)이다.]

1. 전단영역(파단선 $a-b$)

$$A_{gv} = (45 \times 7) \times 12 = 3,780\text{mm}^2$$

$$A_{nv} = \{(45 \times 7) - (27 \times 3.5)\} \times 12 = 2,646\text{mm}^2$$

2. 인장영역(파단선 $b-c-d$)

$$A_{gt} = \left(45 \times 2 + \frac{45^2}{4 \times 45}\right) \times 12 = 1,215\text{mm}^2$$

$$A_{nt} = \left\{45 \times 2 + \frac{45^2}{4 \times 45} - (27 \times 1.5)\right\} \times 12 = 729\text{mm}^2$$

인장응력이 균일하므로, $U_{bs} = 1.0$

$$0.6 \; F_u \; A_{nv} + U_{bs} F_u \; A_{nt} = 0.6 \times 410 \times 2{,}646 + 1.0 \times 410 \times 729 = 949{,}806\text{N}$$

$$0.6 \; F_y \; A_{gv} + U_{bs} F_u \; A_{nt} = 0.6 \times 275 \times 3{,}780 + 1.0 \times 410 \times 729 = 922{,}590\text{N}$$

식 (4.2)에서 $R_n = [0.6 \; F_u \; A_{nv} + U_{bs} F_u \; A_{nt}] > [0.6 \; F_y \; A_{gv} + U_{bs} F_u \; A_{nt}]$

∴ 설계블록전단파단강도

$$\begin{aligned}
\phi R_n &= 0.75[0.6 F_y \; A_{gv} + U_{bs} F_u \; A_{nt}] \\
&= 0.75 \times 922{,}590\text{N} \\
&= 691{,}943\text{N} = 692\text{kN}
\end{aligned}$$

QUESTION

05

다음 그림과 같은 ㄱ형강 L-150×150×12($A_g = 3,477$mm^2)로 구성된 650kN의 계수하중을 받는 인장재를 설계하고자 한다. 안전성을 검토하시오.[형강의 재질은 SM275($F_y = 275$N/mm^2, $F_u = 410$N/mm^2)이며 사용 고장력볼트는 M20(F10T)이다. 블록전단파단은 고려하지 않으며, 거셋플레이트는 안전한 것으로 가정한다.]

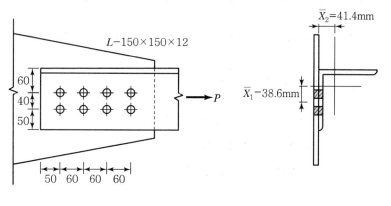

1. 순단면적의 계산

볼트구멍의 지름 $d = 20 + 2 = 22$mm ($\because$ 볼트 축부지름 ≤ 27mm)

$$A_n = A_g - n \times d \times t = 3,477 - 2 \times 22 \times 12 = 2,949\text{mm}^2$$

$\therefore$ 순단면적 $A_n = 2,949$mm^2

2. 유효 순단면적의 계산

인장재의 한 변만이 접합부에 접합되어 있으므로 Shear lag 영향 고려

$$A_e = U \times A_n$$

$$U = 1.0 - \frac{\overline{x}}{l} \quad \max(\overline{x_1} = 38.6\text{mm}, \ \overline{x_2} = 41.4\text{mm}) \quad \therefore \overline{x} = 41.4\text{mm}$$

$$U = 1.0 - \frac{41.4}{180} = 0.77$$

$$\therefore A_e = 0.77 \times 2,949 = 2,271 \text{mm}^2$$

3. 설계강도의 계산

(1) 총단면의 항복

$$\phi_t P_n = \phi_t F_y A_g = 0.9 \times 275 \times 3,477 \times 10^{-3} = 860.6 \text{kN}$$

(2) 순단면의 파단

$$\phi_t P_n = \phi_t F_u A_e = 0.75 \times 410 \times 2,271 \times 10^{-3} = 698.3 \text{kN}$$

(3) 설계 미끄럼 강도

$$\phi R_n = \phi \mu h_f T_o N_s = (1.0 \times 0.5 \times 1.0 \times 165 \times 1) \times 8 = 660 \text{kN}$$

$$\therefore \text{설계인장강도} = \text{Min}(860.6, \ 698.3, \ 660) = 660 \text{kN}$$

4. 인장강도의 검토

$$\phi_t P_n = 660 \text{kN} > P_u = 650 \text{kN}(\text{계수하중}) \quad \therefore \text{OK}$$

CHAPTER
05 압축재의 설계

1. 압축재의 설계

$$P_u \leq \phi_c P_n, \ \phi_c = 0.9 \quad \cdots\cdots\cdots \quad (5.1)$$

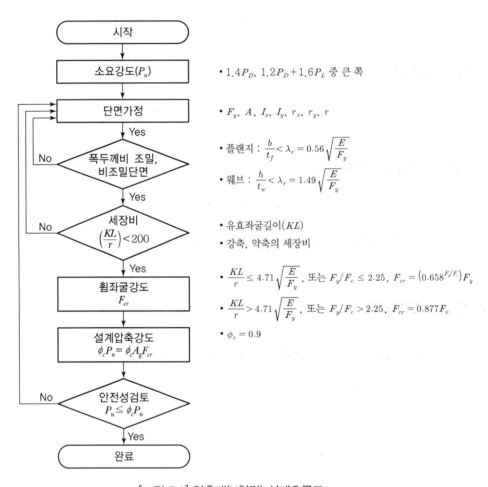

시작

소요강도(P_u)
- $1.4P_D$, $1.2P_D + 1.6P_L$ 중 큰 쪽

단면가정
- F_y, A, I_x, I_y, r_x, r_y, r

폭두께비 조밀, 비조밀단면 (Yes)
- 플랜지 : $\dfrac{b}{t_f} < \lambda_r = 0.56\sqrt{\dfrac{E}{F_y}}$
- 웨브 : $\dfrac{h}{t_w} < \lambda_r = 1.49\sqrt{\dfrac{E}{F_y}}$

세장비 $\left(\dfrac{KL}{r}\right) < 200$ (Yes)
- 유효좌굴길이(KL)
- 강축, 약축의 세장비

휨좌굴강도 F_{cr}
- $\dfrac{KL}{r} \leq 4.71\sqrt{\dfrac{E}{F_y}}$, 또는 $F_y/F_e \leq 2.25$, $F_{cr} = \left(0.658^{F_y/F_e}\right)F_y$
- $\dfrac{KL}{r} > 4.71\sqrt{\dfrac{E}{F_y}}$, 또는 $F_y/F_e > 2.25$, $F_{cr} = 0.877F_e$

설계압축강도 $\phi_c P_n = \phi_c A_g F_{cr}$
- $\phi_c = 0.9$

안전성검토 $P_u \leq \phi_c P_n$ (Yes)

완료

[그림 5.1] 압축재(H형강) 설계흐름도

휨좌굴에 대한 압축강도

$$P_n = F_{cr} A_g \quad \text{..} \quad (5.2)$$

- $\dfrac{KL}{r} \leq 4.71 \sqrt{\dfrac{E}{F_y}}$ 또는 $F_y / F_e \leq 2.25$인 경우

$$F_{cr} = \left[0.658^{\frac{F_y}{F_e}} \right] F_y \quad \text{...............................} \quad (5.3)$$

- $\dfrac{KL}{r} > 4.71 \sqrt{\dfrac{E}{F_y}}$ 또는 $F_y / F_e > 2.25$인 경우

$$F_{cr} = 0.877 F_e \quad \text{..} \quad (5.4)$$

여기서, F_e : 탄성휨좌굴강도(N/mm^2) $\left[= \dfrac{\pi^2 E}{(KL/r)^2} \right]$

A_g : 부재의 총단면적(mm^2)

F_y : 강재의 항복강도(N/mm^2)

E : 강재의 탄성계수(N/mm^2)

K : 유효좌굴길이계수

L : 부재의 길이(mm)

r : 좌굴축에 대한 단면2차반경(mm)

2. 조립압축재

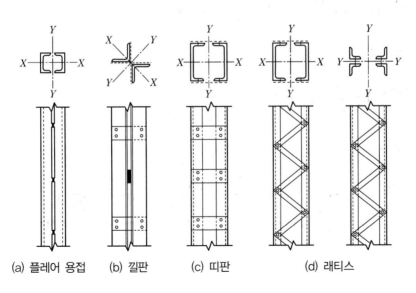

(a) 플레어 용접   (b) 끼판   (c) 띠판   (d) 래티스

조립재의 검토순서

1. X방향의 세장비 : 조립재축과 부재의 도심축이 일치

$$\frac{KL_X}{r_X}$$

2. Y방향의 세장비 : 조립재축과 부재의 도심축이 다름 → 평행축 정리

$$r_Y = \sqrt{(r_y)^2 + \left(\frac{c}{2}\right)^2}$$

3. 단일부재로 거동하는 조립부재 기둥의 세장비 – 비충복축

$$\left(\frac{KL}{r}\right)_o = \frac{KL_Y}{r_Y}$$

4. 각 개재의 세장비는 조립재의 세장비의 3/4 이하

$$\frac{Ka}{r_i} \leq \frac{3}{4}\frac{KL}{r} = \frac{3}{4}\frac{KL_Y}{r_Y}$$

$$\left(\frac{Ka}{r_i} = \frac{Ka}{r_y}\right), \qquad a = 낄판\ 간격$$

5. 용접으로 접합된 조립기둥의 유효세장비

$$\left(\frac{KL}{r}\right)_m = \sqrt{\left(\frac{KL}{r}\right)_0^2 + 0.82\frac{\alpha^2}{(1+\alpha^2)}\left(\frac{a}{r_{ib}}\right)^2}$$

6. 안정성 검토

$$\frac{KL_X}{r_X}\text{와}\ \left(\frac{KL}{r}\right)_m\ \text{값 비교}$$

7. 압축강도 산정

$$\left(\frac{KL}{r}\right)_m < 4.71\sqrt{\frac{E}{F_Y}}\ ,\ F_{cr} = \left(0.658^{\frac{F_y}{F_e}}\right)F_y, \qquad \phi P_n = 0.9 F_{cr} A_g$$

01

다음 그림과 같이 1단 고정, 타단 핀고정이고 절점 이동이 없는 중심압축재에 1,000kN의 소요압축강도가 필요할 때, 중심압축재의 단면을 산정하시오. 압축재의 길이는 8m이고 부재 중간에 약축 방향으로 횡지지되어 있다. 강재는 SM355A를 사용한다.

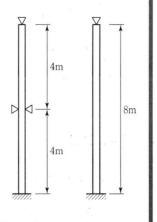

1. 단면가정

$$H-200 \times 200 \times 8 \times 12, \text{ SM355A}, \ F_y = 355 (\text{N/mm}^2) \text{ 사용}$$

단면성질

$$A_g = 63.53 \times 10^2 (\text{mm}^2), \ I_x = 4,720 \times 10^4 (\text{mm}^4),$$

$$r_x = 86.2 (\text{mm}), \ r_y = 50.2 (\text{mm}), \ r = 13 (\text{mm})$$

2. 폭두께비 검토

① 플랜지

$$b/t_f = (200/2)/12 = 8.3$$

$$\lambda_r = 0.56 \sqrt{E/F_y} = 0.56 \sqrt{210,000/355} = 13.6$$

$$b/t_f < \lambda_r$$

② 웨브

$$h/t_w = [200 - 2 \times (12+13)]/8 = 18.8$$

$$\lambda_r = 1.49\sqrt{E/F_y} = 1.49\sqrt{205,000/355} = 36.2$$

$$h/t_w < \lambda_r$$

∴ 비조밀단면

3. F_{cr}의 산정

① 강축(유효좌굴길이계수 $K = 0.7$, 부재길이 $L = 8,000\mathrm{m}$)

$$\left(\frac{KL}{r}\right)_x = \frac{0.7 \times 8,000}{86.2} = 65$$

② 약축(상부)(유효좌굴길이계수 $K = 1.0$, 부재길이 $L = 4,000\mathrm{m}$)

$$\left(\frac{KL}{r}\right)_{y1} = \frac{1.0 \times 4,000}{50.2} = 79.7$$

③ 약축(하부)(유효좌굴길이계수 $K = 0.7$, 부재길이 $L = 4,000\mathrm{m}$)

$$\left(\frac{KL}{r}\right)_{y2} = \frac{0.7 \times 4,000}{50.2} = 55.8$$

큰 값의 세장비가 좌굴에 취약하므로 약축(상부)세장비 선택

$$\frac{KL}{r} = 79.7 \ < \ 4.71\sqrt{\frac{E}{F_y}} = 4.71\sqrt{\frac{210,000}{355}} = 114.6$$

혹은 $F_e = \dfrac{\pi^2 E}{\left(\dfrac{KL}{r}\right)^2} = 326.3\mathrm{N/mm^2} \Rightarrow F_y/F_e = 1.09 \leq 2.25$

그러므로 $F_{cr} = \left(0.658^{\frac{F_y}{F_e}}\right)F_y = 225\mathrm{N/mm^2}$

4. 설계압축강도 산정

$$\phi_c = 0.9$$

$$P_n = A_s F_{cr} = 6,353 \times 225 = 1,429,425\text{N} = 1,429\text{kN}$$

$$\phi_c P_n = 0.9 \times 1,429 = 1,286.1\,\text{kN}$$

5. 안전성 검토

$$P_u = 1,000\text{kN} \leq \phi_c P_n = 1,286.1\text{kN} \qquad \therefore \text{ OK}$$

$$\therefore \text{ 안전함}$$

■ QUESTION ■

02

아래 그림의 골조에서 2층 기둥(AB부재)에 고정하중 $P_D = 2,300\text{kN}$, 활하중 $P_L = 2,000\text{kN}$이 작용할 때 유효좌굴길이계수 계산도표를 사용하여 안전성을 검토하시오. 골조는 횡이동이 구속되어 있고 압축재 길이(L_C)는 4.0m, L_g는 9.0m이고 강종은 SM355A이다. 보 부재 단면은 압연 H형강 H-606×201×12×20이고, 1층, 2층 기둥은 압연 H형강 H-400×408×21×21, 3층 기둥은 압연 H형강 H-350×350 ×12×19이다. 단, 면 내 휨변형이 강축에 대한 휨이며 면 외 방향의 좌굴에 대해선 고려하지 않는다.

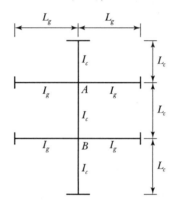

1. 단면성질

(1) H-400×408×21×21

$A_g = 2.5070 \times 10^4 \text{mm}^2$, $I_x = 7.09 \times 10^8 \text{mm}^4$, $r_x = 1.68 \times 10^2 \text{mm}$,
$r_y = 9.75 \times 10 \text{mm}$, $r = 22 \text{mm}$

(2) H-350×350×12×19

$A_g = 1.7390 \times 10^4 \text{mm}^2$, $I_x = 4.03 \times 10^8 \text{mm}^4$, $r_x = 1.52 \times 10^2 \text{mm}$,
$r_y = 8.84 \times 10 \text{mm}$, $r = 20 \text{mm}$

2. 폭두께비 검토

폭두께비 검토 시, 압연 H형강의 항복강도는 플랜지의 항복강도를 사용한다.

플랜지의 두께가 16mm 초과 40mm 이하이므로 $F_y = 345\text{MPa}$

플랜지 : $b/t_f = (408/2)/21 = 9.7$

$$\lambda_r = 0.56\sqrt{E/F_y} = 0.56\sqrt{210,000/345} = 13.8$$

$$b/t_f < \lambda_r$$

웨브 : $h/t_w = [400 - 2 \times (21 + 22)]/21 = 15$

$$\lambda_r = 1.49\sqrt{E/F_y} = 1.49\sqrt{210,000/345} = 36.8$$

$$h/t_w < \lambda_r$$

∴ 비콤팩트(비조밀) 단면

3. 유효좌굴길이계수 계산

$$G_A = \frac{\sum(I_c/L_c)}{\sum(I_g/L_g)} = \frac{(7.09 \times 10^8/4,000) + (4.03 \times 10^8/4,000)}{2(9.04 \times 10^8/9,000)} = 1.38$$

$$G_B = \frac{\sum(I_c/L_c)}{\sum(I_g/L_g)} = \frac{2(7.09 \times 10^8/4,000)}{2(9.04 \times 10^8/9,000)} = 1.76$$

유효좌굴길이계수 계산도표를 이용하여 G_A 와 G_B 를 연결하여 K 값을 산정

∴ $K = 0.82$

4. F_{cr} 산정

$$\frac{KL}{r_x} = \frac{0.82 \times 4,000}{1.68 \times 10^2} = 19.5 < 4.71\sqrt{\frac{E}{F_y}} = 4.71\sqrt{\frac{210,000}{345}} = 116.2$$

이 경우 비탄성좌굴거동을 하므로 상대강성계수를 이용하여 K 값을 다시 산정

(1) 강성감소계수(τ_a)

소요압축강도 $P_u = 1.2P_D + 1.6P_L = 1.2 \times 2,300 + 1.6 \times 2,000 = 5,960\text{kN}$

$$\frac{P_u}{A_g} = \frac{5,960 \times 10^3}{25,070} = 238\text{N/mm}^2$$

$$F_{cr \text{비탄성}} = \frac{P_u}{\phi_c A_g} = \frac{1}{0.9} \times 238 = 0.658^{\frac{345}{F_e}} \times 345 \text{로부터}$$

$$F_e = 543 \text{N/mm}^2, \quad F_{cr \text{비탄성}} = \left(0.658^{\frac{F_y}{F_e}}\right) F_y = 264.4 \text{N/mm}^2$$

$$F_{cr \text{탄성}} = 0.877 F_e = 0.877 \times 543 = 476.2 \text{N/mm}^2$$

$$\therefore \ \tau_a = \frac{F_{cr \text{비탄성}}}{F_{cr \text{탄성}}} = \frac{264.4}{476.2} = 0.56$$

(2) AB기둥의 상대강성계수 $G_{\text{비탄성}}$ 및 좌굴길이계수 K

$$G_{A \text{비탄성}} = 0.56 \times G_{A \text{탄성}} = 0.56 \times 1.38 = 0.77$$

$$G_{B \text{비탄성}} = 0.56 \times G_{B \text{탄성}} = 0.56 \times 1.76 = 0.98$$

$$\therefore \ K = 0.75 \text{(도표 활용)}$$

$$\frac{KL}{r_x} = \frac{0.75 \times 4,000}{1.68 \times 10^2} = 17.9 < 4.71 \sqrt{\frac{E}{F_y}} = 4.71 \sqrt{\frac{210,000}{345}} = 116.2$$

$$F_e = 6,468.6 \text{N/mm}^2 \ \Rightarrow \ F_y/F_e = 0.05 < 2.25$$

$$\therefore \ F_{cr} = \left(0.658^{\frac{F_y}{F_e}}\right) F_y = 337.4 \text{N/mm}^2$$

5. 설계압축강도산정 및 안전성 검토

$$P_n = A_g F_{cr} = 2.5070 \times 10^4 \times 337.4 = 8,458,618 \text{N} = 8,458.6 \text{kN}$$

$$\phi_c P_n = 0.9 \times 8,458.6 = 7,612.7 \text{kN}$$

$$P_u (= 5,960 \text{kN}) < \phi_c P_n (= 7,612.7 \text{kN})$$

$$\therefore \ \text{안전함}$$

03

아래 그림과 같이 소요압축강도 $P_u = 700\text{kN}$을 받는 2개의 ㄷ-150 ×75×9×12.5(SM355A)의 형강에 두께 10mm의 끼움판을 끼우고 용접하여 조립한 양단 힌지 조립압축기둥이 있다. 좌굴모드가 각 개재 간의 접합재에서 전단력을 발생시키는 상대변형을 포함하고 있다고 할 때 조립기둥의 안전성을 검토하시오. 부재길이는 3.6m이고, 끼움판 간격은 1.2m이다.

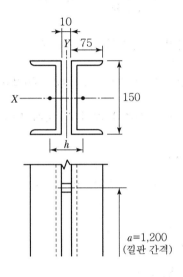

1. 사용부재의 단면성질

ㄷ-150×75×9×12.5

$A = 3{,}059\text{mm}^2$, $r_x = 58.6\text{mm}$, $r_y = 21.9\text{mm}$,

$c_y = 23.1\text{mm}$, $K = 1.0$, $a = 1{,}200\text{mm}$

2. X방향의 세장비(충복축)

X방향으로는 조립재의 축과 부재의 도심축이 일치하고 단면 2차모멘트가 증가하지 않으므로, 세장비는

$$\frac{KL_x}{r_x} = \frac{1.0 \times 3{,}600}{58.6} = 61.43$$

3. Y 방향의 세장비(비충복축)

Y방향으로는 조립재의 축과 부재의 도심축이 다르므로 조립재의 Y방향 단면2차반경

$$r_Y = \sqrt{(r_y)^2 + \left(\frac{c}{2}\right)^2} = \sqrt{(21.9)^2 + \left(\frac{2 \times 23.1 + 10}{2}\right)^2} = 35.63\text{mm}$$

단일부재로 거동하는 조립부재기둥의 세장비

$$\left(\frac{KL}{r}\right)_0 = \frac{KL_Y}{r_Y} = \frac{1.0 \times 3,600}{35.63} = 101.04$$

좌굴의 부재축에 수직인 각 요소의 중심 간 거리

$$h = 2c_y + (\text{낄판두께}) = 2 \times 23.1 + 10 = 56.2\text{mm}$$

좌굴의 부재축과 평행한 중심축에 대한 각 개재의 단면2차반경

$$r_{ib} = r_y = 21.9\text{mm}$$

따라서,

$$\alpha = \frac{h}{(2r_{ib})} = \frac{56.2}{2 \times 21.9} = 1.28$$

$$\frac{Ka}{r_{ib}} = \frac{1.0 \times 1,200}{21.9} = 54.79$$

$$\frac{3}{4}\left(\frac{KL}{r}\right)_0 = \frac{3}{4}\frac{KL_y}{r_Y} = \frac{3}{4}\frac{1.0 \times 3,600}{35.63} = 0.75 \times 101.04$$

$$= 75.8 > \frac{Ka}{r_{ib}} = 54.79$$

4. 용접으로 접합된 조립기둥의 유효세장비

$$\left(\frac{KL}{r}\right)_m = \sqrt{\left(\frac{KL}{r}\right)_0^2 + 0.82\frac{\alpha^2}{(1+\alpha^2)}\left(\frac{a}{r_{ib}}\right)^2}$$

$$\left(\frac{KL}{r}\right)_m = \sqrt{101.04^2 + 0.82\frac{(1.28)^2}{(1+1.28^2)} \times (54.79)^2} = 108.34$$

5. 안전성 검토

$$\frac{KL_x}{r_x} = 61.43 < \left(\frac{KL}{r}\right)_m = 108.34$$

∴ Y축에 대해 검토

$$\left(\frac{KL}{r}\right)_m = 108.34 < 4.71\sqrt{\frac{E}{F_y}} = 4.71\sqrt{\frac{210,000}{355}} = 114.6$$

$$F_e = \frac{\pi^2 E}{\left(\frac{KL}{r}\right)_m^2} = \frac{\pi^2 \times 210,000}{108.34^2} = 176.4\,\text{N/mm}^2$$

$$F_{cr} = \left(0.658^{\frac{F_y}{F_e}}\right)F_y = \left(0.658^{\frac{355}{176.4}}\right) \times 355 = 152.9\,\text{N/mm}^2$$

$$\phi P_n = 0.9 F_{cr} A_g = 0.9 \times 152.9 \times 30.59 \times 10^2 \times 2 \times 10^{-3} = 841.8\,\text{kN} > P_u = 700\,\text{kN}$$

∴ OK

CHAPTER

06 휨재의 설계

1. 설계의 목표

- 보의 설계휨강도 : $\phi_b M_n$

$$M_u \leq \phi_b M_n \quad \cdots\cdots\cdots\cdots\cdots\cdots\cdots\cdots\cdots\cdots\cdots\cdots\cdots\cdots\cdots\cdots\cdots\cdots\cdots\cdots\cdots \text{(6.1)}$$

여기서, ϕ_b : 휨강도저항계수($=0.9$)
M_n : 공칭휨강도(N·mm)
M_u : 소요휨강도(N·mm)

- 보의 설계전단강도 : $\phi_v V_n$

$$V_u \leq \phi_v V_n \quad \cdots\cdots\cdots\cdots\cdots\cdots\cdots\cdots\cdots\cdots\cdots\cdots\cdots\cdots\cdots\cdots\cdots\cdots\cdots\cdots\cdots \text{(6.2)}$$

여기서, ϕ_v : 전단강도저항계수($=0.9$)
다만, $h/t_w \leq 2.24\sqrt{E/F_y}$ 인 압연 H형강의 웨브($=1.0$)
V_n : 공칭전단강도(N)
V_u : 소요전단강도(N)

2. 조밀단면과 비조밀단면의 폭두께비 제한값

$$\lambda = \frac{b}{t_f} = \frac{b_f}{2t_f} \quad \cdots\cdots\cdots\cdots\cdots\cdots\cdots\cdots\cdots\cdots\cdots\cdots\cdots\cdots\cdots\cdots\cdots\cdots\cdots \text{(6.3)}$$

$$\lambda = \frac{h}{t_w} \quad \cdots\cdots\cdots\cdots\cdots\cdots\cdots\cdots\cdots\cdots\cdots\cdots\cdots\cdots\cdots\cdots\cdots\cdots\cdots\cdots\cdots\cdots\cdots \text{(6.4)}$$

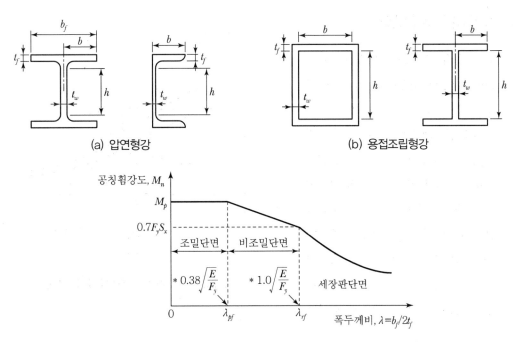

[그림 6.1] 압연 H형강 플랜지의 폭두께비 – 공칭휨강도(웨브가 조밀단면인 경우)

▼ [표 6.1] 압축판 요소의 폭두께비 제한

요소	판요소에 대한 설명	폭두께비	폭두께비 제한값	
			λ_p(조밀단면 한계)	λ_r(비조밀단면 한계)
플랜지	• 압연 H형강과 ㄷ형강 휨재의 플랜지	b/t_f	$0.38\sqrt{E/F_y}$	$1.0\sqrt{E/F_y}$
	• 2축 또는 1축 대칭인 용접 H형강 휨재의 플랜지	b/t_f	$0.38\sqrt{E/F_y}$	$0.95\sqrt{k_c E/F_L}$ [1), 2)]
웨브	휨을 받는 • 2축 대칭 H형강의 웨브 • ㄷ형강의 웨브	h/t_w	$3.76\sqrt{E/F_y}$	$5.70\sqrt{E/F_y}$

주) [1)] $k_c = \dfrac{4}{\sqrt{h/t_w}}$, $0.35 \leq k_c \leq 0.76$

[2)] $F_L = 0.7F_y$: 약축 휨을 받는 경우, 웨브가 세장판요소인 용접 H형강이 강축 휨을 받는 경우, 그리고 웨브가 조밀단면 또는 비조밀단면이고 $S_{xt}/S_{xc} \geq 0.7$인 용접 H형강이 강축 휨을 받는 경우

$F_L = F_y S_{xt}/S_{xc} \geq 0.5F_y$: 웨브가 조밀단면 또는 비조밀단면이고 $S_{xt}/S_{xc} < 0.7$인 용접 H형강이 강축 휨을 받는 경우

3. 휨재의 공칭휨강도

C_b는 횡좌굴모멘트 수정계수(lateral buckling modification factor)로 정의하며, 비지지구간 내에서 보 양 단부의 휨모멘트가 균일하지 않는 경우에 이를 보정하기 위해서 사용하는 변수로 이해하면 된다. 보의 비지지 길이 내에서 휨모멘트가 균일하지 않은 경우, 보의 공칭휨강도는 증가한다. C_b의 적용 시 보의 휨모멘트가 균일한 경우가 가장 불리(캔틸레버보 포함)하며 $C_b = 1.0$으로 된다.

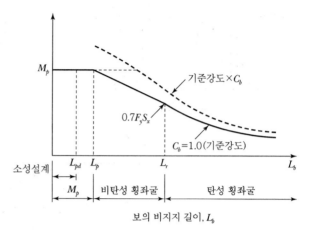

[그림 6.2] L_b 값과 공칭휨강도의 관계

$$C_b = \frac{12.5 M_{\max}}{2.5 M_{\max} + 3 M_A + 4 M_B + 3 M_C} R_m \leq 3.0 \quad \cdots \cdots (6.5)$$

여기서, M_A : 비지지 구간에서 1/4 지점의 휨모멘트 절대값(N·mm)

M_B : 비지지 구간에서 중앙부 휨모멘트 절대값(N·mm)

M_C : 비지지 구간에서 3/4 지점의 휨모멘트 절대값(N·mm)

R_m : 단면형상계수

$\quad R_m = 1.0$(2축대칭부재, 1축대칭 단곡률부재)

$\quad = 0.5 + 2\left(\dfrac{I_{yc}}{I_y}\right)^2$ (1축대칭 복곡률부재)

I_y : 약축에 대한 단면 2차 모멘트

I_{yc} : y축에 대한 압축플랜지의 단면 2차 모멘트 또는 복곡률의 경우 압축플랜지 중 작은 플랜지의 단면 2차 모멘트

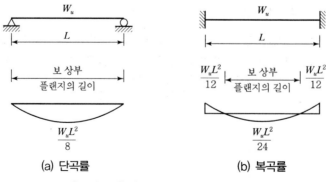

[그림 6.3] 단곡률－복곡률의 모멘트

[그림 6.4]는 등분포하중을 받는 단순보의 C_b 값의 변화를 나타내며, 보에 표기되어 있는 '×' 표시는 그 지점에서 횡비틀림 지지되었다는 것을 의미한다.

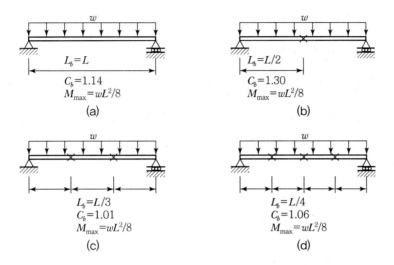

[그림 6.4] 등분포하중하 단순보의 C_b 값

4. 횡비틀림 좌굴강도

조밀단면인 휨재인 경우 L_p, L_b, L_r의 관계로부터, 횡좌굴영역(Zone 1, Zone 2, Zone 3)을 다음과 같이 세 가지로 구분하여 횡비틀림좌굴강도를 구한다([그림 6.5] 참조).

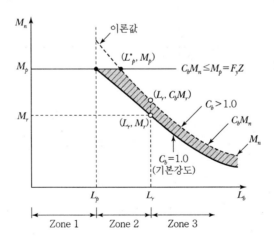

[그림 6.5] 횡좌굴영역별 횡좌굴강도

(1) $L_b \leq L_p$인 경우(Zone 1)

보의 압축플랜지가 횡 방향으로 매우 좁은 간격으로 지지되어 보가 소성모멘트를 발휘할 수 있는 경우이다. 따라서 횡비틀림좌굴강도는 소성모멘트가 된다. 이 구간은 횡비틀림좌굴이 발생하지 않는 구간이며, 이때 소성모멘트는 식 (6.6)과 같다.

$$M_n = M_p = F_y Z_x \quad\text{.. (6.6)}$$

(2) $L_p < L_b \le L_r$인 경우(Zone 2)

보의 압축플랜지가 횡비틀림지지 간격이 충분치 않아서 비탄성거동을 보이면서 횡비틀림좌굴이 발생하는 경우로서 [그림 6.5]의 비탄성 횡좌굴구간에 해당된다.

$$M_n = C_b\left[M_p - (M_p - 0.7F_yS_x)\left(\frac{L_b - L_p}{L_r - l_p}\right)\right] \le M_p \quad\text{............................ (6.7)}$$

여기서, $L_p = 1.76r_y\sqrt{\dfrac{E}{F_{yf}}}$

(3) $L_b > L_r$인 경우(Zone 3)

보의 압축플랜지의 횡지지 간격이 너무 길어서 단면의 어느 부분도 항복하지 않고 조기에 횡좌굴이 발생하는 경우이다. 이때의 횡비틀림좌굴강도는 탄성횡비틀림좌굴모멘트와 같으며, 강축에 휨을 받는 탄성횡비틀림좌굴모멘트 M_{cr}은 식 (6.8)과 같다.

$$M_n = M_{cr} = F_{cr}S_x \le M_p \quad\text{.. (6.8)}$$

$$F_{cr} = \frac{C_b\pi^2 E}{\left(\dfrac{L_b}{r_{ts}}\right)^2}\sqrt{1 + 0.078\frac{Jc}{S_x h_0}\left(\frac{L_b}{r_{ts}}\right)^2} \quad\text{............................ (6.9)}$$

$$L_r = 1.95r_{ts}\frac{E}{0.7F_y}\sqrt{\frac{Jc}{S_x h_0}}\sqrt{1 + \sqrt{1 + 6.76\left(\frac{0.7F_y}{E}\frac{S_x h_0}{Jc}\right)^2}} \quad\text{.................... (6.10)}$$

$$r_{ts} = \sqrt{\frac{I_y h_0}{2S_x}}\ \text{(H형강) : 뒤틀림회전반경} \quad\text{............................ (6.11)}$$

여기서, E : 강재의 탄성계수(N/mm²)
$\quad\quad\quad J$: 비틀림 상수(mm⁴)
$\quad\quad\quad L_r$: 비탄성 한계 비지지길이
$\quad\quad\quad h_0$: 상하부 플랜지 간 중심거리(mm)
$\quad\quad\quad c$: 1.0(2축 대칭인 H형강)

비탄성횡비틀림좌굴과 탄성횡비틀림좌굴의 경계인 L_r 값은 식 (6.9)에서 C_b를 안전 측으로 1.0으로 하고, 탄성횡좌굴응력도 F_{cr}을 탄성과 비탄성 횡비틀림좌굴의 경계값인 $0.7F_y$와 같다고 하면 식 (6.12)와 같이 된다.

$$F_{cr} = \frac{C_b \pi^2 E}{\left(\dfrac{L_b}{r_{ts}}\right)^2} = 0.7F_y \text{로부터}$$

$$L_r = \pi r_{ts} \sqrt{\frac{E}{0.7F_y}} \quad \text{...} (6.12)$$

5. 국부좌굴강도

(1) 횡좌굴강도

횡좌굴강도는 앞 절에서 설명한 2축 대칭 H형강 또는 ㄷ형강 조밀단면의 설계법을 따른다.

(2) 비조밀단면 플랜지의 경우($\lambda_{pf} < \lambda \le \lambda_{rf}$인 경우)

플랜지의 폭두께비가 [표 6.1]의 조밀단면의 한계판폭두께비 λ_{pf}보다 크고 비조밀단면의 한계폭두께비 λ_{rf}보다 작은 경우 판요소는 비탄성국부좌굴을 일으키게 된다.

$$M_n = M_p - \left(M_p - 0.7F_y S_x\right)\left(\frac{\lambda - \lambda_{pf}}{\lambda_{rf} - \lambda_{pf}}\right) \quad \text{.........................} (6.13)$$

(3) 세장판단면 플랜지의 경우($\lambda > \lambda_{rf}$인 경우)

플랜지의 폭두께비가 [표 6.1]의 비조밀단면의 한계폭두께비 λ_{rf} 보다 큰 경우 판요소는 탄성국부좌굴을 일으키게 된다.

세장한 단면에서는 플랜지가 탄성국부좌굴을 일으키는 경우만 해당되며, 이때 공칭휨강도 M_n은 식 (6.14)와 같다. 구조물에서 세장판단면의 사용은 유의해야 할 것이다.

$$M_n = \frac{0.9E k_c S_x}{\lambda^2} \quad \text{..} (6.14)$$

여기서, $\lambda = \dfrac{b_f}{2t_f}$

$\lambda_{pf} = \lambda_p, \ \lambda_{rf} = \lambda_r$

$k_c = \dfrac{4}{\sqrt{h/t_w}}, \ 0.35 \le k_c \le 0.76$

6. 휨재의 설계 전단강도

$$\phi_v V_n = \phi_v (0.6 F_y) A_w C_v \ \cdots\cdots (6.15)$$

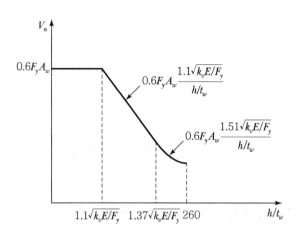

[그림 6.6] 폭두께비와 공칭전단강도의 관계

① $h/t_w \le 2.24 \sqrt{E/F_y}$ 인 압연 H형강의 웨브

$$\phi_v V_n = \phi_v (0.6 F_y) A_w C_v \ \cdots\cdots (6.16)$$

여기서, $\phi_v = 1.0$
A_w : 압연 H형강 웨브의 단면적
C_v : 전단좌굴감소계수($=1.0$)

② 원형 강관을 제외한 모든 2축대칭단면, 1축대칭단면 및 ㄷ형강의 전단좌굴감소계수 C_v 및 ϕ_v는 다음과 같이 산정한다.

• $h/t_w \le 1.10 \sqrt{k_v E/F_y}$ 일 때

$$\phi_v = 0.9, \ C_v = 1.0 \ \cdots\cdots (6.17)$$

- $1.10\sqrt{k_v E/F_y} < h/t_w \le 1.37\sqrt{k_v E/F_y}$ 일 때, C_v는 식 (6.18)과 같다.

    $\phi_v = 0.9$

$$C_v = \frac{1.10\sqrt{k_v E/F_y}}{h/t_w} \quad\text{...} (6.18)$$

- $260 > h/t_w > 1.37\sqrt{k_v E/F_y}$ 일 때, C_v는 식 (6.19)와 같다.

    $\phi_v = 0.9$

$$C_v = \frac{1.51 E k_v}{(h/t_w)^2 F_y} \quad\text{...} (6.19)$$

7. 웨브의 크리플링강도

웨브 크리플링(crippling)은 플랜지에 작용하는 집중하중에 의해서 웨브가 면 외로 좌굴하는 현상으로 웨브의 국부항복과는 구별되는 현상이다.

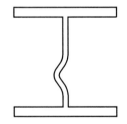

[그림 6.7] 웨브 크리플링현상

(1) 집중하중이 재단에서 $d/2$ 이상 떨어진 위치에서 작용할 때

    $\phi_l = 0.75$

$$R_n = 0.8 t_w^2 \left[1 + 3\frac{N}{d}\left(\frac{t_w}{t_f}\right)^{1.5} \right] \sqrt{\frac{E F_{yw} t_f}{t_w}} \quad\text{...} (6.20)$$

(2) 집중하중이 재단에서 $d/2$ 미만 떨어진 위치에서 작용할 때

    $\phi_l = 0.75$

① $\dfrac{N}{d} \leq 0.2$인 경우

$$R_n = 0.4t_w^2\left[1 + 3\dfrac{N}{d}\left(\dfrac{t_w}{t_f}\right)^{1.5}\right]\sqrt{\dfrac{EF_{yw}t_f}{t_w}} \quad \cdots\cdots\cdots\cdots\cdots\cdots\cdots (6.21)$$

② $\dfrac{N}{d} > 0.2$인 경우

$$R_n = 0.4t_w^2\left[1 + \left(\dfrac{4N}{d} - 0.2\right)\left(\dfrac{t_w}{t_f}\right)^{1.5}\right]\sqrt{\dfrac{EF_{yw}t_f}{t_w}} \quad \cdots\cdots\cdots\cdots\cdots (6.22)$$

여기서, t_f : 플랜지 두께(mm)

01

다음 그림과 같이 스팬 7m의 단순지지된 보에 활하중 $W_L = 18kN/m$, 고정하중 $W_D = 10kN/m$가 작용하고 있으며 보의 비지지길이 $L_b = 7.0m$이다. 압연 H형강보의 단면을 H-500×200×10×16(SM355A)로 사용할 때 다음 사항에 대해 검토하시오.

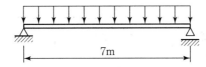

7m

---

1) 소요강도
2) 공칭휨강도
3) 공칭전단강도
4) 안전성 검토

〈H-500×200×10×16(SM355A)의 단면 성질〉

$S_x = 1.91 \times 10^6 mm^3$, $Z_x = 2.18 \times 10^6 mm^3$, $r = 20mm$, $r_y = 43.3mm$,

$J = 702 \times 10^3 mm^4$, $I_y = 21.4 \times 10^6 mm^3$

1. 소요강도 산정

$$W = 1.2W_D + 1.6W_L$$
$$= 1.2 \times 10 + 1.6 \times 18 = 40.8kN/m$$

$$M_u = \frac{WL^2}{8} = \frac{40.8 \times 7^2}{8} = 249.9kN \cdot m$$

$$M_{u,1.75m} = 187.4kN \cdot m, \quad M_{u,3.50m} = 249.9kN \cdot m, \quad M_{u,5.25m} = 187.4kN \cdot m$$

$$V_u = \frac{WL}{2} = \frac{40.8 \times 7}{2} = 142.8kN$$

2. 공칭휨강도

(1) 폭두께비 검토

① 플랜지 폭두께비

$$\lambda = \frac{b}{t_f} = \frac{200/2}{16} = 6.25$$

$$\lambda_p = 0.38 \sqrt{\frac{E}{F_y}} = 0.38 \sqrt{\frac{210,000}{355}} = 9.24$$

② 웨브 폭두께비

$$\lambda = \frac{h}{t_w} = \frac{600 - 2 \times (16 + 20)}{10} = 52.80$$

$$\lambda_p = 3.76 \sqrt{\frac{E}{F_y}} = 3.76 \sqrt{\frac{210,000}{355}} = 91.45$$

$\therefore$ 플랜지 및 웨브 모두 $\lambda < \lambda_p$ 이므로 조밀단면

(2) 소성한계 및 비탄성한계 비지지길이 산정

$$L_p = 1.76 r_y \sqrt{\frac{E}{F_y}} = 1.76 \times 43.3 \times \sqrt{\frac{210,000}{355}} \times 10^{-3} = 1.85 \mathrm{m}$$

$$L_r = \pi r_{ts} \sqrt{\frac{E}{0.7 F_y}} = 3.14 \times 52.1 \times \sqrt{\frac{210,000}{0.7 \times 355}} \times 10^{-3} = 4.76 \mathrm{m}$$

여기서, $r_{ts} = \sqrt{\frac{I_y h_0}{2 S_x}} = \sqrt{\frac{21.4 \times 10^6 \times (500 - 16)}{2 \times 1.91 \times 10^6}} = 52.1 \mathrm{mm}$

$L_b > L_r$ 이므로 횡좌굴영역은 탄성횡좌굴구간(Zone 3)에 해당

(3) 횡좌굴강도 산정

1.에서 산정한 소요휨강도를 식 (6.5)에 대입하면 횡좌굴모멘트 수정계수 C_b 는

$$C_b = \frac{12.5 \times 249.9}{2.5 \times 249.9 + 3 \times 187.4 + 4 \times 249.9 + 3 \times 187.4} \times 1 = 1.14 \leq 3.0$$

([그림 6.4] (a) 참조, $C_b = 1.14$)

$$F_{cr} = \frac{C_b \pi^2 E}{\left(\dfrac{L_b}{r_{ts}}\right)^2} \sqrt{1 + 0.078 \frac{Jc}{S_x h_0}\left(\frac{L_b}{r_{ts}}\right)^2}$$

$$= \frac{1.14 \times \pi^2 \times 210,000}{\left(\dfrac{7.0 \times 10^3}{52.1}\right)^2} \sqrt{1 + 0.078 \times 0.00076 \times \left(\frac{7.0 \times 10^3}{52.1}\right)^2} = 188.3 \text{N/mm}^2$$

여기서, $\dfrac{Jc}{S_x h_0} = \dfrac{702 \times 10^3 \times 1}{1.91 \times 10^6 \times (500 - 16)} = 0.00076$

$\therefore$ 공칭휨강도 $M_n = F_{cr} S_x = 188.3 \times 1.94 \times 10^6 \times 10^{-6} = 365.3 \text{kN} \cdot \text{m}$

3. 공칭전단강도 산정

$$\frac{h}{t_w} = \frac{500 - 2 \times (16 + 20)}{10} = 42.8$$

$$2.24 \sqrt{\frac{E}{F_y}} = 2.24 \sqrt{\frac{210,000}{355}} = 54.5$$

$$\frac{h}{t_w} = 42.8 < 2.24 \sqrt{\frac{E}{F_y}} = 54.5 \text{이므로, } C_v = 1.0$$

$\therefore V_n = 0.6 F_y A_w C_v = 0.6 \times 355 \times (500 \times 10) \times 1.0 \times 10^{-3} = 1,065.0 \text{kN}$

4. 안전성 검토

$$M_u = 249.9 \text{kN} \cdot \text{m} < \phi_b M_n = 0.9 \times 365.3 = 329 \text{kN} \cdot \text{m} \qquad \therefore \text{ OK}$$

$$V_u = 142.8 \text{kN} < \phi_v V_n = 1.0 \times 1,065 = 1,065 \text{kN} \qquad \therefore \text{ OK}$$

QUESTION

02

다음 그림과 같이 스팬 5.0m 캔틸레버보에 강축방향으로 12kN/m의 등분포하중이 작용하고 있고, 보의 횡변위는 구속되어 있지 않다. H-500×200×10×16(SM275A)의 압연 H형강을 사용할 때, 공칭 휨강도를 구하고, 안전성을 검토하시오.

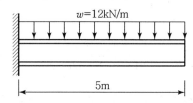

$$I_y = 2.14 \times 10^7 \text{mm}^4, \ S_x = 1.91 \times 10^6 \text{mm}^3, \ Z_x = 2.18 \times 10^6 \text{mm}^3$$

1. 계수하중 산정

$$M_u = \frac{wL^2}{2} = 150 \text{kN} \cdot \text{m}$$

2. 폭두께비 검토

(1) 플랜지 검토

$$\lambda = \frac{b}{t_f} = \frac{200/2}{16} = 6.25$$

$$\lambda_p = 0.38 \sqrt{\frac{E}{F_y}} = 0.38 \sqrt{\frac{210,000}{275}} = 10.50 \qquad \therefore \ \lambda < \lambda_p$$

(2) 웨브 검토

$$\lambda = \frac{h}{t_w} = \frac{500 - 2 \times (20 + 16)}{10} = 42.8$$

$$\lambda_p = 3.76 \sqrt{\frac{E}{F_y}} = 3.76 \sqrt{\frac{210,000}{275}} = 103.9 \qquad \therefore \ \lambda < \lambda_p$$

∴ 플랜지 및 웨브 단면 모두 조밀단면

3. 공칭휨강도 산정

(1) 횡좌굴영역 산정

$$L_b = 5\text{m}$$

$$L_p = 1.76\,r_y\,\sqrt{\frac{E}{F_y}} = 1.76 \times 43.3 \times \sqrt{\frac{210,000}{275}} \times 10^{-3} = 2.11\text{m}$$

$$L_r = \pi\,r_{ts}\,\sqrt{\frac{E}{0.7F_y}} = \pi \times 52.1 \times \sqrt{\frac{210,000}{0.7 \times 275}} = 5.40\text{m}$$

$$\text{여기서, } r_{ts} = \sqrt{\frac{I_y h_o}{2S_x}} = 52.1, \qquad h_o = H - t_f = 484\text{mm}$$

$L_p < L_b < L_r$ 이므로 (Zone 2)에 해당

(2) 공칭휨강도(횡좌굴강도) 산정

횡좌굴모멘트 수정계수 C_b 산정

캔틸레버보의 경우는 가장 불리한 형태로 간주하여 $C_b = 1.0$으로 함

$$M_n = C_b \left[M_p - (M_p - 0.7F_y S_x)\left(\frac{L_b - L_p}{L_r - L_p}\right) \right] \leq M_p$$

$$= 1 \times \left[599.5 - (599.5 - 367.6)\left(\frac{5 - 2.11}{5.4 - 2.11}\right) \right] = 395.8\text{kN} \cdot \text{m}$$

$$\text{여기서, } M_p = F_y Z_x = 275 \times 2.18 \times 10^6 \times 10^{-6} = 599.5\text{kN} \cdot \text{m}$$

$$0.7F_y S_x = 0.7 \times 275 \times 1.91 \times 10^6 \times 10^{-6} = 367.7\text{kN} \cdot \text{m}$$

4. 안전성 평가

$$\phi M_n (= 0.9 \times 395.8 = 356.2\,\text{kN} \cdot \text{m}) \geq M_u (150\,\text{kN} \cdot \text{m}) \qquad \therefore \text{ OK}$$

QUESTION

03

등분포하중을 받는 스팬 9m의 양단 단순지지된 보의 부재로 압연 H형강 H-400×200×8×13(SM275A)을 사용할 때 다음 조건에 대하여 $\phi_b M_n$을 구하시오.

---

1) 횡구속 가새가 없을 때
2) 횡구속 가새가 보 중앙에 있을 때
3) 횡구속 가새가 보 3등분 점에 있을 때

⟨H − 400×200×8×13 단면 성능⟩

$I_y = 1.74 \times 10^7 \text{mm}^4$, $S_x = 1.19 \times 10^6 \text{mm}^3$,

$Z_x = 1.33 \times 10^6 \text{mm}^3$, $r_y = 45.4 \text{mm}$, $J = 3.57 \times 10^5 \text{mm}^4$

【풀이】보 단면으로 사용되는 압연 H형강은 플랜지 및 웨브가 대부분 조밀단면이다. 따라서 국부좌굴이 발생하지 않으므로 횡비틀림좌굴강도에 의해 휨재의 공칭휨강도가 결정된다.

1. 횡구속 가새가 없을 때

(1) 소성한계 및 비탄성한계 비지지길이 산정

$L_b = 9.0 \text{m} \, (\text{보의 비지지길이})$

$$L_p = 1.76 \, r_y \sqrt{\frac{E}{F_y}} = 1.76 \times 45.4 \times \sqrt{\frac{210,000}{275}} \times 10^{-3} = 2.21 \text{ m}$$

$$L_r = \pi \, r_{ts} \sqrt{\frac{E}{0.7 F_y}} = 3.14 \times 53.19 \times \sqrt{\frac{210,000}{0.7 \times 275}} \times 10^{-3} = 5.52 \text{ m}$$

여기서, $r_{ts} = \sqrt{\frac{I_y h_o}{2 S_x}} = \sqrt{\frac{17.4 \times 10^6 \times (400 - 13)}{2 \times 1.19 \times 10^6}} = 53.19 \text{mm}$

$L_b (= 9.00 \text{m}) > L_r (= 5.90 \text{m})$ 이므로 횡좌굴영역은 탄성횡좌굴구간(Zone 3)에 해당된다.

(2) 횡비틀림좌굴강도 산정

[그림 6.4] (a)로부터 $C_b = 1.14$

$$F_{cr} = \frac{C_b \pi^2 E}{\left(\dfrac{L_b}{r_{ts}}\right)^2} \sqrt{1 + 0.078 \frac{Jc}{S_x h_0} \left(\frac{L_b}{r_{ts}}\right)^2}$$

$$= \frac{1.14 \times \pi^2 \times 210,000}{\left(\dfrac{9.0 \times 10^3}{53.19}\right)^2} \sqrt{1 + 0.078 \times 0.78 \times 10^{-3} \times \left(\frac{9.0 \times 10^3}{53.19}\right)^2}$$

$$= 136.65 \,\mathrm{N/mm^2}$$

여기서, $\dfrac{Jc}{S_x h_o} = \dfrac{357 \times 10^3 \times 1}{1.19 \times 10^6 \times (400 - 13)} = 0.78 \times 10^{-3}$

$$M_n = F_{cr} S_x = 136.65 \times 1.19 \times 10^6 \times 10^{-6} = 162.6 \,\mathrm{kN \cdot m}$$

(3) 설계휨강도 산정

$$\phi_b = 0.9$$

$$\phi_b M_n = 0.9 \times 162.6 = 146.3 \,\mathrm{kN \cdot m}$$

2. 횡구속 가새가 보 중앙에 있을 때

(1) 소성한계 및 비탄성한계 비지지길이 산정

$$L_b = 4.5\mathrm{m}\,(\text{보의 비지지길이가 전체길이의 } 1/2)$$

$$L_p = 1.76\, r_y \sqrt{\frac{E}{F_y}} = 1.76 \times 45.4 \times \sqrt{\frac{210,000}{275}} \times 10^{-3} = 2.21 \,\mathrm{m}$$

$$L_r = \pi\, r_{ts} \sqrt{\frac{E}{0.7 F_y}} = 3.14 \times 53.19 \times \sqrt{\frac{210,000}{0.7 \times 275}} \times 10^{-3} = 5.52 \,\mathrm{m}$$

$$여기서, \quad r_{ts} = \sqrt{\frac{I_y h_o}{2S_x}} = \sqrt{\frac{17.4 \times 10^6 \times (400-13)}{2 \times 1.19 \times 10^6}} = 53.19\,\text{mm}$$

$L_p(=2.21\text{m}) < L_b(=4.50\text{m}) < L_r\,(=5.52\text{m})$이므로 횡좌굴영역은 비탄성횡좌굴구간(Zone 2)에 해당

(2) 횡비틀림좌굴강도 산정

[그림 6.4] (b)로부터 $C_b = 1.3$

$$M_p = F_y Z_x = 275 \times 1.33 \times 10^6 \times 10^{-6} = 365.8\,\text{kN} \cdot \text{m}$$

$$0.7 F_y S_x = 0.7 \times 275 \times 1.19 \times 10^6 \times 10^{-6} = 229.1\,\text{kN} \cdot \text{m}$$

$$M_n = C_b \left\{ M_p - (M_p - 0.7 F_y S_x) \left(\frac{L_b - L_p}{L_r - L_p} \right) \right\} < M_p$$

$$= 1.3 \times \left\{ 365.8 - (365.8 - 229.1) \left(\frac{4.50 - 2.21}{5.52 - 2.21} \right) \right\}$$

$$= 352.6\,\text{kN} \cdot \text{m} < M_p = 365.8\,\text{kN} \cdot \text{m}$$

$$\therefore \ M_n = 352.6\,\text{kN} \cdot \text{m}$$

(3) 설계휨강도 산정

$$\phi_b = 0.9$$

$$\phi_b M_n = 0.9 \times 352.6 = 317.3\,\text{kN} \cdot \text{m}$$

3. 횡구속 가새가 보 3등분 점에 있을 때

(1) 소성한계 및 비탄성한계 비지지길이 산정

$$L_b = 3.00\text{m (보의 비지지길이)}$$

$$L_p = 1.76\,r_y\sqrt{\frac{E}{F_y}} = 1.76 \times 45.4 \times \sqrt{\frac{210,000}{275}} \times 10^{-3} = 2.21\text{m}$$

$$L_r = \pi\,r_{ts}\sqrt{\frac{E}{0.7F_y}} = 3.14 \times 53.19 \times \sqrt{\frac{210,000}{0.7 \times 275}} \times 10^{-3} = 5.52\text{ m}$$

$$여기서,\ r_{ts} = \sqrt{\frac{I_y h_o}{2S_x}} = \sqrt{\frac{17.4 \times 10^6 \times (400-13)}{2 \times 1.19 \times 10^6}} = 53.19\text{mm}$$

$L_p(= 2.21\text{m}) < L_b(= 3.00\text{m}) < L_r(= 5.52\text{m})$이므로 횡좌굴영역은 비탄성횡좌굴구간 (Zone 2)에 해당

(2) 횡좌굴강도 산정

[그림 6.4] (c)로부터 $C_b = 1.01$

$$M_p = F_y Z_x = 275 \times 1.33 \times 10^6 \times 10^{-6} = 365.8\,\text{kN·m}$$

$$0.7F_y S_x = 0.7 \times 275 \times 1.19 \times 10^6 \times 10^{-6} = 229.1\,\text{kN·m}$$

$$M_n = C_b\left\{M_p - (M_p - 0.7F_y S_x)\left(\frac{L_b - L_p}{L_r - L_p}\right)\right\} < M_p$$

$$= 1.01 \times \left\{365.8 - (365.8 - 229.1)\left(\frac{3.00 - 2.21}{5.52 - 2.21}\right)\right\}$$

$$= 336.5\,\text{kN·m} < M_p = 365.8\,\text{kN·m}$$

$$\therefore\ M_n = 336.5\,\text{kN·m}$$

(3) 설계휨강도 산정

$$\phi_b = 0.9$$

$$\phi_b M_n = 0.9 \times 336.5 = 302.9\text{kN·m}$$

QUESTION

04

그림과 같이 압연 H형강 H-600×200×11×17(SM355A)의 단순지 지보 중앙에 집중하중 420kN이 작용할 때 반력에 의한 웨브의 크리플 링에 대한 안전성을 검토하시오.(반력이 작용하는 지점 폭의 길이는 100mm이고, 반력과 재단 사이의 거리는 250mm이다.)

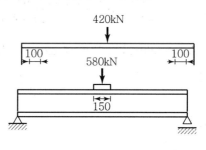

1. 항복도의 결정

SM355A강종의 경우 두께가 16mm 초과하는 경우 항복강도 : 345N/mm²

(1) 설계전단강도 검토

1) C_v 산정

$$h/t_w = \frac{600 - (2 \times (17 + 22))}{11} = 47.45$$

$$2.24\sqrt{E/F_y} = 2.24\sqrt{210,000/345} = 55.26$$

$$\frac{h}{t_w} = 47.45 < 2.24\sqrt{E/F_y} = 55.26 \text{이므로}, \ C_v = 1.0$$

2) 설계전단강도(ϕV_n) 산정

$$V_n = (0.6F_y)A_w C_v$$

$$= (0.6 \times 345) \times (600 \times 11) \times 1.0 \times 10^{-3} = 1,366\text{kN}$$

$$\phi = 1.0$$

$$\phi V_n = 1,366\text{kN} > 420/2 = 210\text{kN} \qquad \therefore \ \text{OK}$$

(2) 웨브의 크리플링강도 산정

반력의 작용위치가 보의 단부에서 250mm이므로 $d/2 = 300$mm 미만이고,

$$\frac{N}{d} = \frac{100}{600} = 0.167 < 0.2$$

$$\phi_l = 0.75$$

$$
\begin{aligned}
R_n &= 0.4 t_w^2 \left[1 + 3\frac{N}{d}\left(\frac{t_w}{t_f}\right)^{1.5} \right] \sqrt{\frac{EF_{yw}t_f}{t_w}} \\
&= 0.4 \times 11^2 \left[1 + 3 \times \frac{100}{600}\left(\frac{11}{17}\right)^{1.5} \right] \sqrt{\frac{210,000 \times 345 \times 17}{11}} \times 10^{-3} \\
&= 592\text{kN}
\end{aligned}
$$

$$\phi_l R_n = 0.75 \times 592 = 444\text{kN} > 420/2 = 210\text{kN} \qquad \therefore \text{ OK}$$

CHAPTER 07 조합력을 받는 부재

1. 보 – 기둥 부재의 2차 효과

[그림 7.1]의 (a)와 (b)는 2차 효과를 "부재효과"(Member Effect, $P-\delta$ Effect) 및 "골조효과"(Frame Effect, $P-\varDelta$ Effect)로 구분하여 나타낸 것이다. 부재효과는 골조의 횡변위(sidesway)가 발생하지 않는 조건에서 발생하는 모멘트 증폭 등의 2차 효과를 지칭하고, 골조효과는 골조의 횡변위 발생에 따라 수반되는 모멘트 증폭 등의 2차 효과를 나타낸다.

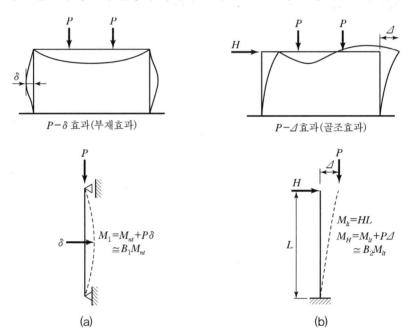

[그림 7.1] 2차 효과에 따른 모멘트 증폭

2. 횡구속 부재효과에 따른 증폭계수(B_1계수)

$$M_r = B_1 M_{nt} + B_2 M_{lt} \quad \cdots\cdots (7.1)$$

$$P_r = P_{nt} + B_2 P_{lt} \quad \cdots\cdots (7.2)$$

여기서, $B_1 = \dfrac{C_m}{1-\left(P_r/P_{e1}\right)} \geq 1.0$ ··· (7.3)

M_r : 2차 효과가 고려된 소요휨강도

P_r : $P-\Delta$ 2차 효과가 고려된 소요축강도

P_{e1} : 골조의 횡변위를 구속한 조건의 휨평면 내 오일러좌굴하중강도

B_2 : 비횡구속 골조효과에 의한 증폭계수식 (7.3 참조)

M_{nt}, P_{nt} : 골조의 횡변위가 구속된 조건의 1차 모멘트와 1차 축력

M_{lt}, P_{lt} : 골조의 횡변위를 허용한 조건의 1차 모멘트와 1차 축력

C_m(부재하중 작용 시) : 1.0 또는 이론상의 해석값

C_m(부재하중 없이 재단모멘트만 작용 시) : 아래 규정에 따름

여기서, $C_m = 0.6-0.4\left(\dfrac{M_1}{M_2}\right) \geq 0.4$

단, $|M_2| \geq |M_1|$이고 $\left(\dfrac{M_1}{M_2}\right)$의 부호는 보-기둥의 변형이 복곡률이면 ($+$), 단곡률이면 ($-$)

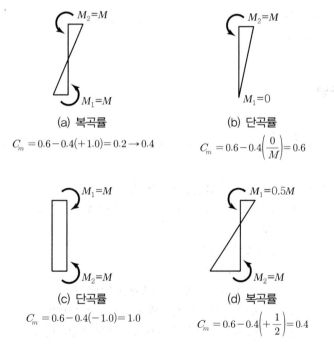

(a) 복곡률

$C_m = 0.6-0.4(+1.0)=0.2 \rightarrow 0.4$

(b) 단곡률

$C_m = 0.6-0.4\left(\dfrac{0}{M}\right)=0.6$

(c) 단곡률

$C_m = 0.6-0.4(-1.0)=1.0$

(d) 복곡률

$C_m = 0.6-0.4\left(+\dfrac{1}{2}\right)=0.4$

[그림 7.2] 모멘트 구배에 따른 C_m계수 산정 예

3. 비횡구속 골조효과에 따른 증폭계수(B_2계수)

설계기준에서 제시하고 있는 B_2계수

$$B_2 = \frac{1}{1 - \left(\dfrac{\sum P_{nt}}{\sum P_{e2}}\right)} \geq 1.0 \quad \cdots\cdots\cdots\cdots\cdots\cdots\cdots\cdots\cdots\cdots\cdots (7.4)$$

여기서, $\sum P_{nt}$: 대상층에 작용하는 총 계수연직하중

$\sum P_{e2}$: 대상층에 횡변위가 수반되는 좌굴모드에 대한 층 전체의 탄성좌굴
강도

$\sum P_{e2}$는 다음 두 가지 형태, 즉 층좌굴강도 개념과 층강성 개념으로 산정할 수 있다.

(1) 층좌굴강도 개념

$$\sum P_{e2} = \sum \frac{\pi^2 EI}{(K_2 L)^2} \quad \cdots\cdots\cdots\cdots\cdots\cdots\cdots\cdots\cdots\cdots\cdots\cdots\cdots (7.5)$$

(2) 층강성 개념

$$\sum P_{e2} = R_M \frac{\sum HL}{\Delta_H} \quad \cdots\cdots\cdots\cdots\cdots\cdots\cdots\cdots\cdots\cdots\cdots\cdots\cdots (7.6)$$

여기서, I : 휨평면 내의 단면 2차 모멘트

K_2 : 기둥의 횡변위 좌굴모드를 고려하여 휨평면에서 산정된 유효좌굴길이
계수

L : 부재길이(층고)

R_M : 1.0(가새골조)

: 0.85(모멘트골조 또는 조합구조시스템)

Δ_H : 횡력에 대한 1차 해석에서 얻어진 층간변위

$\sum H$: Δ_H 산정에 사용된 횡력이 유발한 층전단력의 합

4. 압축력과 휨을 받는 2축대칭단면부재의 설계

(1) $\dfrac{P_r}{P_c} \geq 0.2$인 경우

$$\frac{P_r}{P_c} + \frac{8}{9}\left(\frac{M_{rx}}{M_{cx}} + \frac{M_{ry}}{M_{cy}}\right) \leq 1.0 \quad\cdots\cdots\cdots\cdots\cdots\cdots\cdots\cdots\cdots (7.7)$$

(2) $\dfrac{P_r}{P_c} < 0.2$인 경우

$$\frac{P_r}{2P_c} + \left(\frac{M_{rx}}{M_{cx}} + \frac{M_{ry}}{M_{cy}}\right) \leq 1.0 \quad\cdots\cdots\cdots\cdots\cdots\cdots\cdots (7.8)$$

여기서, P_r : 소요압축강도(N) $= P_u = 1.2P_D + 1.6P_L$

P_c : 설계압축강도$(= \phi_c P_n)$(N)

M_r : 소요휨강도(N · mm)

M_c : 설계휨강도$(= \phi_b M_n)$(N · mm)

x : 강축휨을 나타내는 아래첨자

y : 약축휨을 나타내는 아래첨자

ϕ_c : 압축강도저항계수$(= 0.90)$

ϕ_b : 휨강도저항계수$(= 0.90)$

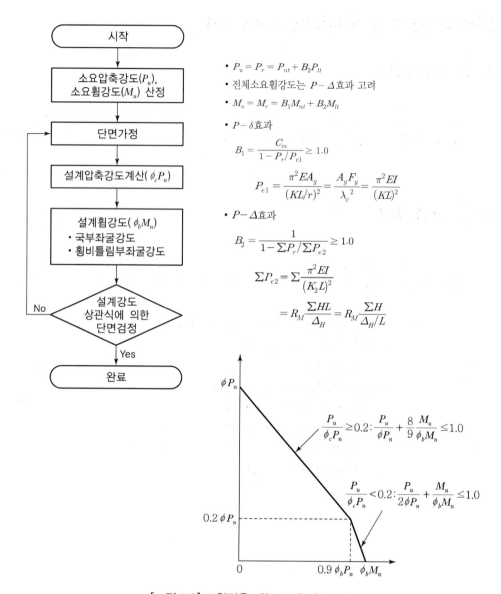

- $P_u = P_r = P_{nt} + B_2 P_{lt}$
- 전체소요휨강도는 $P - \Delta$효과 고려
- $M_u = M_r = B_1 M_{nt} + B_2 M_{lt}$
- $P - \delta$효과

$$B_1 = \frac{C_m}{1 - P_r / P_{e1}} \geq 1.0$$

$$P_{e1} = \frac{\pi^2 E A_g}{(KL/r)^2} = \frac{A_g F_y}{\lambda_c^{\,2}} = \frac{\pi^2 EI}{(KL)^2}$$

- $P - \Delta$효과

$$B_2 = \frac{1}{1 - \Sigma P_r / \Sigma P_{e2}} \geq 1.0$$

$$\Sigma P_{e2} = \Sigma \frac{\pi^2 EI}{(K_2 L)^2}$$

$$= R_M \frac{\Sigma HL}{\Delta_H} = R_M \frac{\Sigma H}{\Delta_H / L}$$

$$\frac{P_u}{\phi_c P_n} \geq 0.2 : \frac{P_u}{\phi P_n} + \frac{8}{9} \frac{M_u}{\phi_b M_n} \leq 1.0$$

$$\frac{P_u}{\phi_c P_n} < 0.2 : \frac{P_u}{2\phi P_n} + \frac{M_u}{\phi_b M_n} \leq 1.0$$

[그림 7.3] 조합력을 받는 부재 설계흐름도

01

그림과 같이 압연H형강 H-400×400×13×21(SM355A, 플랜지두께가 16mm 초과하므로 플랜지를 기준으로 하여 $F_y = 345\text{N/mm}^2$) 단면의 기둥이 양단 모두 핀으로 지지되어 있다. 이 기둥에 $P_D = 650\text{kN}$ 및 $P_L = 1,700\text{kN}$의 압축력이 작용하고 강축 방향의 재단모멘트가 양쪽 단부에 $M_{nt,D} = 50\text{kN} \cdot \text{m}$ 및 $M_{nt,L} = 150\text{kN} \cdot \text{m}$이 작용할 경우, 이 기둥의 안전성을 검토하시오.(단, 휨모멘트는 단곡률을 유발하고 기둥의 면외방향 유효좌굴길이계수는 $K_y = 1.0$으로 가정할 것.)

> 부재의 단면 성능(H-400×400×13×21)
> $A = 21,870\text{mm}^2$, $Z_x = 3.67 \times 10^6 \text{mm}^3$(필릿반경)$= 22\text{mm}$
> $I_x = 6.66 \times 10^8 \text{mm}^4$, $I_y = 2.24 \times 10^8 \text{mm}^4$
> $r_x = 175\text{mm}$, $r_y = 101\text{mm}$

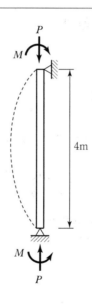

1. 소요압축강도(P_r) 산정

$$P_r = 1.2P_D + 1.6P_L = 1.2 \times 650 + 1.6 \times 1,700 = 3,500\text{kN}$$

2. 소요휨강도(M_r) 산정

• 강축방향 계수휨모멘트

$$M_{nt} = 1.2M_{nt,D} + 1.6M_{nt,L} = 1.2 \times 50 + 1.6 \times 150 = 300 \text{kN} \cdot \text{m}$$

• 모멘트 증폭계수, B_1 반영

부재의 변형이 단곡률이므로 M_1/M_2의 값이 ($-$)이다.

$$C_m = 0.6 - 0.4 \left(\frac{M_1}{M_2} \right) = 0.6 - 0.4 \times \left(-\frac{300}{300} \right) = 1.0 \quad (\because \text{단곡률})$$

$$P_e = \frac{\pi^2 EI_x}{(KL)^2} = \frac{\pi^2 \times 210,000 \times 6.66 \times 10^8}{(1.0 \times 4.0 \times 10^3)^2} \times 10^{-3} = 86,273 \text{kN}$$

$$B_1 = \frac{C_m}{1 - P_r/P_e} = \frac{1.0}{1 - (3,500/86,273)} = 1.04$$

$$M_r = B_1 M_{nt} = 1.04 \times 300 = 312 \text{kN} \cdot \text{m}$$

3. 설계압축강도($P_c = \phi P_n$) 산정

• 위험좌굴축 결정(세장비 큰 축)

$$\left(\frac{KL}{r} \right)_x = \frac{1.0 \times 4,000}{175} = 22.9, \left(\frac{KL}{r} \right)_y = \frac{1.0 \times 4,000}{101} = 39.6$$

$$\Rightarrow \left(\frac{KL}{r} \right)_{\max} = \left(\frac{KL}{r} \right)_y = 39.6 \text{(면외방향의 약축좌굴이 지배)}$$

$$\frac{KL}{r} = 39.6 < 4.71 \sqrt{\frac{E}{F_y}} = 4.71 \sqrt{\frac{210,000}{345}} = 116.2$$

혹은 $F_e = \dfrac{\pi^2 E}{\left(\dfrac{KL}{r} \right)^2} = \dfrac{\pi^2 \times 210,000}{39.6^2}$

$$= 1,321.7 \text{N/mm}^2$$

$$F_y/F_e = 345/1,321.7 = 0.26 \leq 2.25$$

그러므로

$$F_{cr} = \left(0.658^{\frac{F_y}{F_e}} \right) F_y = 309.43 \text{N/mm}^2$$

$$P_c = \phi_c P_n = \phi_c F_{cr} A_g = 0.9 \times 309.43 \times 21,870 \times 10^{-3} = 6,090 \text{kN}$$

4. 설계휨강도($M_{cx} = \phi M_{nx}$) 산정

설계휨강도(M_c)는 부재의 국부좌굴, 횡비틀림좌굴, 소성모멘트 강도를 비교하여 최솟값을 택한다.

(1) 소성모멘트

$$M_p = F_y Z_x = 345 \times 3.67 \times 10^6 \times 10^{-6} = 1,266.2 \text{kN} \cdot \text{m}$$

(2) 국부좌굴을 고려한 휨강도

플랜지의 두께가 16mm 초과 40mm 이하이므로 $F_y = 345 \text{MPa}$

① 플랜지 폭두께비

$$\lambda = b/t_f = (400/2)/21 = 9.52$$
$$\lambda_p = 0.38 \sqrt{E/F_y} = 0.38 \times \sqrt{210,000/345} = 9.38$$
$$\therefore \lambda > \lambda_p \text{로서 콤팩트(조밀)단면 : 국부좌굴에 의한 강도저감이 필요치 않다.}$$

② 웨브 폭두께비

$$\lambda = b/t_w = [400 - 2 \times (21 + 22)]/13 = 24.2$$
$$\lambda_p = 3.76 \sqrt{E/F_y} = 3.76 \times \sqrt{210,000/345} = 92.77$$
$$\therefore \lambda > \lambda_p \text{로서 콤팩트(조밀)단면 : 국부좌굴에 의한 강도저감이 필요치 않다.}$$
(일반적으로 압연H형강의 웨브는 거의 모두가 콤팩트(조밀)단면에 속한다.)
$$\therefore \text{국부좌굴휨강도 : } M_{nx} = M_p = Z_x F_y = 1,266.2 \text{kN}$$

(3) 횡비틀림좌굴을 고려한 휨강도

$$L_b = 4,000 \text{mm}$$
$$L_p = 1.76 r_y \sqrt{E/F_y} = 1.76(101) \sqrt{210,000/345} = 4,386 \text{mm}$$
$$\therefore L_b < L_p \text{이므로 소성모멘트 발현이 가능하다.}$$
$$\therefore M_{nx} = M_p = F_y Z_x = 1,266.2 \text{kN} \cdot \text{m}$$
따라서 설계휨강도(M_c)는 소성모멘트강도에 의해 결정된다.
$$M_{cx} = \phi_b M_{nx} = 0.9 \times 1,266.2 = 1,139.6 \text{kN} \cdot \text{m}$$

5. 조합력에 대한 내력 상관관계식 검토

$$\frac{P_r}{P_c} = \frac{3,500}{6,090} = 0.57 > 0.2$$

$$\frac{P_r}{P_c} + \frac{8}{9}\left(\frac{M_{rx}}{M_{cx}} + \frac{M_{ry}}{M_{cy}}\right) = \frac{3,500}{6,090} + \frac{8}{9} \times \left(\frac{312}{1,139.6} + 0\right) = 0.82 < 1.0 \qquad \therefore \text{ OK}$$

02

주어진 골조에서 기둥부재 CD(H-400×400×13×21, SM275A)의
적합성 여부를 한계상태 설계법으로 검토하시오.(단, $E=210,000$
MPa, $F_y=265$MPa, 주어진 하중은 계수하중이며 $K_{x,AB}=K_{x,CD}$
$=2.0$이고, $K_{y,AB}=K_{y,CD}=1.0$으로 가정한다. 또한 설계 편의성을
위해 AC부재는 무한강성으로 가정한다.)

<부재의 단면성능(H-400×400×13×21)>

- $A=21,870$mm²
- $Z_x=3,670,000$mm³
- $S_x=3,330,000$mm³
- $I_x=666\times10^6$mm⁴
- $I_y=224\times10^6$mm⁴
- $r=22$mm
- $r_x=175$mm
- $r_y=101$mm

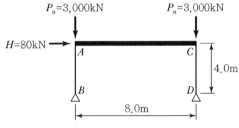

1. 비횡변위골조와 횡변위골조로 분리

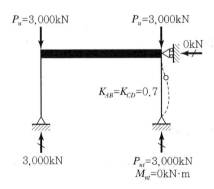

[비횡변위골조의 M_{nt}와 P_{nt}]

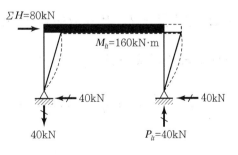

[횡변위골조의 M_{lt}와 P_{lt}]

2. 부재의 단면 성능(H $-$ 400$\times$400$\times$13$\times$21)

$$A = 21,870\,\text{mm}^2, \ Z_x = 3,670,000\,\text{mm}^3, \ S_x = 3,330,000\,\text{mm}^3$$

$$I_x = 666 \times 10^6\,\text{mm}^4, \ I_y = 224 \times 10^6\,\text{mm}^4$$

$$r = 22\,\text{mm}, \ r_x = 175\,\text{mm}, \ r_y = 101\,\text{mm}$$

3. 모멘트 증폭계수 B_1 및 B_2 산정

(1) B_1 산정

비횡변위골조에서 $M_{nt} = 0$이므로 B_1을 구할 필요가 없다.

(2) B_2 산정

$$\sum P_{nt} = 6,000\,\text{kN}$$

$$\sum P_{e2} = 2\frac{\pi^2 EI}{(KL)^2} = (2) \times \frac{\pi^2 \times (210,000) \times (666 \times 10^6)}{\{2.0 \times (4,000)\}^2} \times 10^{-3} = 43,136\,\text{kN}$$

$$\therefore \ B_2 = \frac{1}{1 - \dfrac{\sum P_{nt}}{\sum P_{e2}}} = \frac{1}{1 - \dfrac{6,000}{43,136}} = \frac{1}{1 - 0.139} = 1.16\,(\geq 1.0)$$

4. 소요압축강도 P_r 및 소요휨강도 M_r의 산정

(1) 소요압축강도(P_r)

$$P_r = P_{nt} + B_2 P_{lt} = 3,000 + 1.16 \times (40) = 3,046\,\text{kN}$$

(2) 소요휨강도(M_r)

$$M_r = B_1 M_{nt} + B_2 M_{lt} = 0 + 1.16 \times (160) = 186\,\text{kN} \cdot \text{m}$$

5. 설계압축강도 P_c 및 설계휨강도 M_{cx}의 산정

(1) 설계압축강도($P_c = \phi P_n$)

1) 강축과 약축의 유효좌굴길이($K_x = 2.0,\ K_y = 1.0$)를 고려한 세장비$\left(\dfrac{KL}{r}\right)$ 검토

$$\left(\frac{KL}{r}\right)_x = \frac{(2.0)\times(4,000)}{175} = 45.7,\ \left(\frac{KL}{r}\right)_y = \frac{(1.0)\times(4,000)}{101} = 39.6$$

$$\rightarrow \left(\frac{KL}{r}\right)_{\max} = \left(\frac{KL}{r}\right)_x = 45.7 (강축방향좌굴이\ 지배)$$

2) 좌굴영역 검토

좌굴영역을 검토하면,

$$\left(\frac{KL}{r}\right) = 45.7 < 4.71\sqrt{\frac{E}{F_y}} = 4.71\times\sqrt{\frac{210,000}{265}} = 133$$

따라서, 설계압축강도는 비탄성영역에서 결정된다.

3) 휨좌굴응력(F_{cr}) 산정

$$F_{cr} = \left[0.658^{F_y/F_e}\right]F_y = \left[0.658^{265/992}\right](265) = 237\text{MPa}$$

$$여기서,\ 탄성좌굴응력(F_e) = \frac{\pi^2 E}{(KL/r)^2} = \frac{\pi^2\times(210,000)}{(45.7)^2} = 992\text{MPa}$$

$$P_n = F_{cr}A_g = (237)\times(21,870)/10^3 = 5,183\text{kN}$$

$$\therefore\ P_c = \phi_c P_n = 0.9\times(5,183) = 4,665\,\text{kN}$$

(2) 설계휨강도($M_{cx} = \phi M_{nx}$)

설계휨강도는 부재의 소성모멘트, 국부좌굴, 횡비틀림좌굴 강도를 비교하여 최솟값을 택한다.

1) 소성모멘트

$$M_p = F_y Z_x = (265)\times(3,670,000)/10^6 = 973\text{kN}\cdot\text{m}$$

2) 국부좌굴

① 플랜지 국부좌굴(FLB ; Flange Local Buckling) 검토

$$\lambda = b/t_f = (400/2)/21 = 9.52$$

$$\lambda_p = 0.38 \sqrt{E/F_y} = 0.38 \times \sqrt{210,000/265} = 10.70$$

∴ $\lambda < \lambda_p$로서 조밀 단면이므로 강도저감이 필요치 않다.

② 웨브 국부좌굴(WLB ; Web Local Buckling) 검토

$$\lambda = h/t_w = [400 - (2) \times (21 + 22)]/13 = 24.2$$

$$\lambda_p = 3.76 \sqrt{E/F_y} = 3.76 \times \sqrt{210,000/265} = 105.8$$

∴ $\lambda < \lambda_p$로서 조밀 단면이므로 강도저감이 필요치 않다.

3) 횡비틀림좌굴(LTB ; Lateral Torsional Buckling) 검토

$$L_b = 4,000 \text{mm}$$

$$L_p = 1.76 r_y \sqrt{E/F_y} = 1.76 \times (101) \times \sqrt{210,000/265} = 5,004 \text{mm}$$

∴ $L_b < L_p$ 이므로 횡비틀림좌굴을 고려하지 않아도 된다.

따라서, 주어진 기둥 CD는 강축휨을 받는 2축 대칭 H형강으로서 조밀부재이고 횡비틀림좌굴을 고려할 필요가 없으므로 설계휨강도는 소성휨모멘트(M_p)에 의해 결정된다.

$$\therefore M_{cx} = \phi_b M_{nx} = (0.9) \times (973) = 875.7 \text{kN} \cdot \text{m}$$

6. 조합력에 대한 내력 상관관계식 검토

압축력과 휨을 받는 2축 대칭단면부재

$$\frac{P_r}{P_c} = \frac{3,046}{4,665} = 0.653 > 0.2 \text{인 경우}$$

$$\frac{P_r}{P_c} + \frac{8}{9}\left(\frac{M_{rx}}{M_{cx}} + \frac{M_{ry}}{M_{cy}}\right) \leq 1.0$$

$$\rightarrow \frac{P_r}{P_c} + \frac{8}{9}\left(\frac{M_{rx}}{M_{cx}} + \frac{M_{ry}}{M_{cy}}\right) = \frac{3,046}{4,665} + \frac{8}{9} \times \left(\frac{186}{875.7}\right) = 0.842 < 1.0 \qquad \therefore \text{ OK}$$

따라서, $H-400 \times 400 \times 13 \times 21$ 부재는 기둥으로 적합하다.

03

다음 그림과 같이 압연H형강 H−400×400×13×21(SM355A)의 양단 핀인 기둥에 축압축력과 강축방향의 1축 휨모멘트가 동시에 작용하고 있다. 축압축력은 $P_D = 1,000\,\text{kN}$, $P_L = 1,200\,\text{kN}$이 작용하고 있고, 기둥 상단부에는 휨모멘트가 $M_D = 15\,\text{kN} \cdot \text{m}$, $M_L = 35\,\text{kN} \cdot \text{m}$, 기둥 하단부에는 휨모멘트가 $M_D = 80\,\text{kN} \cdot \text{m}$, $M_L = 100\,\text{kN} \cdot \text{m}$으로 그림과 같은 방향으로 작용하고 있다. 이 기둥의 안전성 여부를 검토하시오.(단, $K_x = 1.0$, $K_y = 1.0$이고 $E = 210,000\,\text{N/mm}^2$, $F_y = 345\,\text{N/mm}^2$)

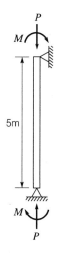

1. 부재의 단면성능(H − 400×400×13×21)

$$A = 21,870\text{mm}^2, \ Z_x = 3,670,000\text{mm}^3, \ r(\text{필릿 반경}) = 22\text{mm}$$

$$I_x = 6.66 \times 10^8 \text{mm}^4, \ I_y = 2.24 \times 10^8 \text{mm}^4,$$

$$S_x = 3.33 \times 10^6 \text{mm}^3, \ J = 2.73 \times 10^6 \text{mm}^4, \ r_x = 175\text{mm}, \ r_y = 101\text{mm}$$

2. 소요압축강도(P_r) 산정

$$P_r = 1.2\,P_D + 1.6\,P_L = 1.2 \times 1,000 + 1.6 \times 1,200 = 3,120 \text{kN}$$

3. 소요휨강도(M_{rx}) 산정

(1) 강축방향 계수휨모멘트

① 기둥 상단부

$$M_{ntx} = 1.2\,M_{ntx,D} + 1.6\,M_{ntx,L} = 1.2 \times 15 + 1.6 \times 35 = 74 \text{kN} \cdot \text{m}$$

② 기둥 하단부

$$M_{ntx} = 1.2\,M_{ntx,D} + 1.6\,M_{ntx,L} = 1.2 \times 80 + 1.6 \times 100 = 256 \text{kN} \cdot \text{m}$$

기둥 하단부의 휨모멘트가 더 크므로 $M_{ntx} = 256 \text{kN} \cdot \text{m}$

(2) 모멘트 증폭계수(C_m) 반영

$$C_m = 0.6 - 0.4\left(\frac{M_1}{M_2}\right) = 0.6 - 0.4 \times \left(\frac{74}{256}\right) = 0.48 \quad (\because \text{복곡률} : \frac{M_1}{M_2} : +)$$

$$P_e = \frac{\pi^2 EI}{(KL)^2} = \frac{\pi^2 \times 210 \times 6.66 \times 10^8}{\left(1.0 \times 5.0 \times 10^3\right)^2} = 55,214 \text{kN}$$

$$B_1 = \frac{C_m}{1 - P_r/P_e} = \frac{0.48}{1 - (3,120/55,214)} = 0.51 < 1.0$$

$$\therefore\ B_1 = 1\,(B_1 \geq 1)$$

$$M_{rx} = B_1 M_{ntx} = 1.0 \times 256 = 256 \text{kN} \cdot \text{m}$$

4. 설계압축강도($P_c = \phi P_n$) 산정

(1) 위험좌굴축 결정

$$\left(\frac{KL}{r}\right)_x = \frac{1.0 \times 5,000}{175} = 28.6, \qquad \left(\frac{KL}{r}\right)_y = \frac{1.0 \times 5,000}{101} = 49.5$$

$$\Rightarrow \left(\frac{KL}{r}\right)_{\max} = \left(\frac{KL}{r}\right)_y = 49.5(\text{면외방향의 약축좌굴이 지배})$$

$$\frac{KL}{r} = 49.5 < 4.71\sqrt{\frac{E}{F_y}} = 4.71 \times \sqrt{\frac{210,000}{345}} = 116.2$$

혹은

$$F_e = \frac{\pi^2 E}{\left(\frac{KL}{r}\right)^2} = 845.88 \text{N/mm}^2 \Rightarrow F_y/F_e = 0.41 \leq 2.25$$

$$\therefore F_{cr} = \left(0.658^{\frac{F_y}{F_e}}\right)F_y = \left(0.658^{0.41}\right) \times 345 = 290.6$$

$$P_c = \phi_c P_n = \phi_c F_{cr} A_g = 0.9 \times 290.6 \times 21,870 \times 10^{-3} = 5,720\text{kN}$$

5. 설계휨강도($M_{cx} = \phi M_{nx}$)

설계휨강도(M_{cx})는 부재의 소성모멘트, 국부좌굴, 횡비틀림좌굴 강도를 비교하여 최솟값을 택한다.

(1) 소성모멘트

$$M_p = F_y Z_x = 345 \times 3,670,000 \times 10^{-6} = 1,266\text{kN} \cdot \text{m}$$

(2) 국부좌굴을 고려한 휨강도

① 플랜지 국부좌굴(FLB ; Flange Local Buckling)

$$\lambda = b/t_f = (400/2)/21 = 9.52$$

$$\lambda_p = 0.38\sqrt{E/F_y} = 0.38 \times \sqrt{210,000/345} = 9.38$$

∴ $\lambda < \lambda_p$ 로서 조밀단면이므로 강도저감이 필요치 않다.

② 웨브 국부좌굴(WLB ; Web Local Buckling)

$$\lambda = h/t_w = [400 - 2 \times (21+22)]/13 = 24.2$$

$$\lambda_p = 3.76\sqrt{E/F_y} = 3.76 \times \sqrt{210,000/345} = 92.77$$

∴ $\lambda < \lambda_p$ 로서 조밀단면이므로 국부좌굴이 발생하지 않고 강도저감이 필요치 않다.

(3) 횡비틀림좌굴(LTB ; Lateral Torsional Bucking)을 고려한 휨강도

① 횡비틀림좌굴구간 검토

$$L_b = 5,000\text{mm}$$

$$L_p = 1.76\, r_y\sqrt{E/F_y} = 1.76 \times (101) \times \sqrt{210,000/345} = 4,386\text{mm}$$

$$L_r = \pi\, r_{ts}\sqrt{\frac{E}{0.7F_y}} = \pi \times 112.9 \times \sqrt{\frac{210,000}{0.7 \times 345}} = 10,453\text{mm}$$

여기서, $r_{ts} = \sqrt{\dfrac{I_y h_o}{2S_x}} = \sqrt{\dfrac{(2.24 \times 10^8) \times 379}{2 \times 3.33 \times 10^6}} = 112.9$

$h_o = 379\text{mm}$: 상하부 플랜지 간 중심거리

$c = 1$: 2축대칭인 H형강 부재의 경우

$J = 2.73 \times 10^6 \text{mm}^4$: 단면비틀림상수

∴ $L_p < L_b < L_r$ 으로서 비탄성 횡비틀림좌굴구간에 해당

② C_b 산정

$$C_b = \frac{12.5 M_{\max}}{2.5 M_{\max} + 3 M_A + 4 M_B + 3 M_C}$$

$$= \frac{12.5 \times (256)}{2.5 \times (256) + 3 \times (8.5) + 4 \times (91) + 3 \times (173.5)} = 2.1$$

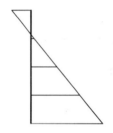

$M_{top} = -74\text{kN} \cdot \text{m}$

$M_A = 8.5\text{kN} \cdot \text{m}$

$M_B = 91\text{kN} \cdot \text{m}$

$M_C = 173.5\text{kN} \cdot \text{m}$

$M_{bottom} = 256\text{kN} \cdot \text{m}$

$$M_{nx} = C_b \left[M_p - (M_p - 0.7 F_y S_x) \left(\frac{L_b - L_p}{L_r - L_p} \right) \right]$$

$$= 2.1 \times \left[1{,}156 - (1{,}156 - 0.7 \times 315 \times 3.33) \times \left(\frac{5{,}000 - 4{,}386}{10{,}453 - 4{,}386} \right) \right]$$

$$= 2{,}560\text{kN} \cdot \text{m} > M_p (= 1{,}266\text{kN} \cdot \text{m})$$

따라서 횡비틀림좌굴 한계상태 휨강도는 소성모멘트(M_p)와 같다.

(4) 설계휨강도 결정

(1), (2), (3)에 의하여 설계휨강도(M_{cx})는 소성모멘트에 의해 산정

$$M_{cx} = \phi_b M_{nx} = 0.9 \times 1{,}266 = 1{,}139\text{kN} \cdot \text{m}$$

6. 조합력에 대한 내력 상관관계식 검토

$$\frac{P_r}{P_c} = \frac{3{,}120}{5{,}720} = 0.55 > 0.2$$

$$\frac{P_r}{P_c} + \frac{8}{9} \left(\frac{M_{rx}}{M_{cx}} + \frac{M_{ry}}{M_{cy}} \right) = \frac{3{,}120}{5{,}720} + \frac{8}{9} \times \left(\frac{256}{1{,}139} \right) = 0.75 < 1.0 \qquad \therefore \text{ OK}$$

04

다음 그림과 같이 압연H형강 H-390×300×10×16(SM355A)의 양
단 핀인 가새골조의 기둥에 축압축력과 2축 휨모멘트가 동시에 작용하
고 있다. 축압축력은 그림 (a)와 같이 $P_D = 500\text{kN}$, $P_L = 600\text{kN}$이
작용하고 있고, 강축방향의 휨모멘트는 그림 (b)와 같이 기둥 상단부에
서 $M_{x,D} = 20\text{kN} \cdot \text{m}$, $M_{x,L} = 30\text{kN} \cdot \text{m}$, 기둥 하단부에서 $M_{x,D} =$
$30\text{kN} \cdot \text{m}$, $M_{x,L} = 70\text{kN} \cdot \text{m}$로 각각 같은 방향으로 작용하고 있다.
그리고 약축방향의 휨모멘트는 그림 (c)와 같이 기둥 상단부와 하단부
에서 $M_{y,D} = 3\text{kN} \cdot \text{m}$, $M_{y,L} = 7\text{kN} \cdot \text{m}$로 같은 크기와 방향으로
작용하고 있다. 이 기둥의 안전성 여부를 검토하시오.($K_x = K_y = 1.0$
이고 $E = 210,000\text{N/mm}^2$, 항복강도 플랜지와 웨브두께가 모두
16mm 이하이므로 $F_y = 355\text{N/mm}^2$)

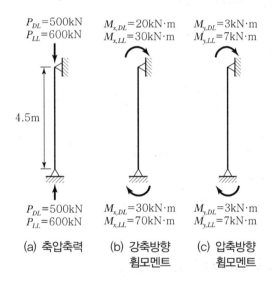

(a) 축압축력   (b) 강축방향   (c) 압축방향
                 휨모멘트   휨모멘트

1. 부재의 단면성능(H-390×300×10×16)

$A = 13,600\text{mm}^2$, $Z_x = 2,190,000\text{mm}^3$, $Z_y = 733,000\text{mm}^3$

$I_x = 3.87 \times 10^8 \text{mm}^4$, $I_y = 7.21 \times 10^7 \text{mm}^4$

$r_x = 169\text{mm}$, $r_y = 72.8\text{mm}$, $r(\text{필렛반경}) = 22\text{mm}$

2. 소요압축강도(P_r) 산정

$$P_r = 1.2 P_{DL} + 1.6 P_{LL} = 1.2 \times 500 + 1.6 \times 600 = 1,560 \text{kN}$$

3. 강축방향 소요휨강도(M_{rx}) 산정

(1) 강축방향 계수휨모멘트

1) 기둥 상단부
$$M_{ntx} = 1.2 M_{ntx,DL} + 1.6 M_{ntx,LL} = 1.2 \times 20 + 1.6 \times 30 = 72 \text{kN} \cdot \text{m}$$

2) 기둥 하단부
$$M_{ntx} = 1.2 M_{ntx,DL} + 1.6 M_{ntx,LL} = 1.2 \times 30 + 1.6 \times 70 = 148 \text{kN} \cdot \text{m}$$

기둥 하단부의 휨모멘트가 더 크므로 $M_{ntx} = 148 \text{kN} \cdot \text{m}$

(2) 모멘트 증폭계수(C_m) 반영

$$C_m = 0.6 - 0.4 \left(\frac{M_1}{M_2} \right) = 0.6 - 0.4 \times \left(\frac{72}{148} \right) = 0.41 \quad (\because \text{복곡률})$$

$$P_e = \frac{\pi^2 EI_x}{(K_x L)^2} = \frac{\pi^2 \times 210 \times 3.87 \times 10^8}{(1.0 \times 4.5 \times 10^3)^2} = 39,610 \text{kN}$$

$$B_1 = \frac{C_m}{1 - P_r / P_e} = \frac{0.41}{1 - (1,560/39,610)} = 0.43 < 1$$

$$\therefore \ B_1 = 1 (B_1 \geq 1)$$

$$M_{rx} = B_1 M_{ntx} = 1.0 \times 148 = 148 \text{kN} \cdot \text{m}$$

4. 약축방향 소요휨강도(M_{ry}) 산정

(1) 약축방향 계수휨모멘트

기둥 상단부 및 하단부 휨모멘트 크기는 동일하다.

$$M_{nty} = 1.2 M_{nty,DL} + 1.6 M_{nty,LL} = 1.2 \times 3 + 1.6 \times 7 = 14.8 \text{kN} \cdot \text{m}$$

(2) 모멘트 증폭계수(C_m) 반영

$$C_m = 0.6 - 0.4\left(\frac{M_1}{M_2}\right) = 0.6 - 0.4 \times \left(\frac{14.8}{14.8}\right) = 0.2 \quad (\because \text{복곡률})$$

$$P_e = \frac{\pi^2 EI_y}{(K_y L)^2} = \frac{\pi^2 \times 210 \times 7.21 \times 10^7}{(1.0 \times 4.5 \times 10^3)^2} = 7,380\text{kN}$$

$$B_1 = \frac{C_m}{1 - P_r/P_e} = \frac{0.2}{1 - (1,560/7,380)} = 0.25 < 1$$

약축방향의 $B_1 = 1\,(B_1 \geq 1)$

$$M_{ry} = B_1 M_{nty} = 1.0 \times 14.8 = 14.8\text{kN} \cdot \text{m}$$

5. 설계압축강도($P_c = \phi P_n$) 산정

위험좌굴축 결정

$$\left(\frac{KL}{r}\right)_x = \frac{1.0 \times 4,500}{169} = 26.6,\ \left(\frac{KL}{r}\right)_y = \frac{1.0 \times 4,500}{72.8} = 61.8$$

$$\Rightarrow \left(\frac{KL}{r}\right)_{\max} = \left(\frac{KL}{r}\right)_y = 61.8\ (\text{약축방향 좌굴이 지배})$$

$$\frac{KL}{r} = 61.8 < 4.71\sqrt{\frac{E}{F_y}} = 4.71 \times \sqrt{\frac{210,000}{355}} = 114.6$$

혹은

$$F_e = \frac{\pi^2 E}{\left(\frac{KL}{r}\right)^2} = \frac{\pi^2 \times 210,000}{(61.8)^2} = 542.7\text{N/mm}^2 \Rightarrow F_y/F_e = 0.65 \leq 2.25$$

그러므로

$$F_{cr} = \left(0.658^{\frac{F_y}{F_e}}\right)F_y \equiv \left(0.658^{0.65}\right) \times 355 = 270.4$$

$$P_c = \phi_c P_n = \phi_c F_{cr} A_g = 0.9 \times 270.4 \times 13,600 \times 10^{-3} = 3,310\text{kN}$$

6. 강축방향 설계휨강도($M_{cx} = \phi M_{nx}$)

강축방향의 설계휨강도(M_{cx})는 부재의 소성모멘트, 국부좌굴, 횡비틀림좌굴 강도를 비교하여 최솟값을 택한다.

(1) 소성모멘트

$$M_p = F_y Z_x = 355 \times 2,190,000 \times 10^{-6} = 777 \text{kN} \cdot \text{m}$$

(2) 국부좌굴을 고려한 휨강도

1) 플랜지 국부좌굴(Flange Local Buckling, FLB)

$$\lambda = b/t_f = (300/2)/16 = 9.38$$

$$\lambda_p = 0.38\sqrt{E/F_y} = 0.38 \times \sqrt{210,000/355} = 9.24$$

$$\therefore \ \lambda < \lambda_p \text{로서 조밀단면이므로 강도저감이 필요치 않다.}$$

2) 웨브 국부좌굴(Web Local Buckling, WLB)

$$\lambda = h/t_w = [390 - 2 \times (16+22)]/10 = 31.4$$

$$\lambda_p = 3.76\sqrt{E/F_y} = 3.76 \times \sqrt{210,000/355} = 91.4$$

$$\therefore \ \lambda < \lambda_p \text{로서 조밀단면이므로 강도저감이 필요치 않다.}$$

(3) 횡비틀림좌굴(Lateral Torsional Bucking, LTB)을 고려한 휨강도

1) 횡비틀림좌굴구간 검토

$$L_b = 4,500 \text{mm}$$

$$L_p = 1.76 r_y \sqrt{E/F_y} = 1.76 \times (72.8) \times \sqrt{210,000/355} = 3,166 \text{mm}$$

$$L_r = \pi r_{ts} \sqrt{\frac{E}{0.7 F_y}} = \pi \times 82.5 \times \sqrt{\frac{210,000}{0.7 \times 355}} = 7,531 \text{mm}$$

여기서, $r_{ts} = \sqrt{\dfrac{I_y h_o}{2 S_x}} = \sqrt{\dfrac{(7.21 \times 10^7) \times 374}{2 \times 1.98 \times 10^6}} = 82.5$

$\quad h_o = 374 \text{mm}$: 상하부 플랜지 간 중심거리

$\quad c = 1$: 2축대칭인 H형강 부재의 경우

$\quad S_x = 1.98 \times 10^6 \text{mm}^3$: 단면계수

$\quad J = 9.39 \times 10^5 \text{mm}^4$: 단면비틀림상수

$$\therefore \ L_p < L_b < L_r \text{으로서 비탄성 횡비틀림좌굴구간에 해당한다.}$$

2) C_b 산정

$$C_b = \frac{12.5 M_{\max}}{2.5 M_{\max} + 3M_A + 4M_B + 3M_C}$$

$$= \frac{12.5 \times (148)}{2.5 \times (148) + 3 \times (17) + 4 \times (38) + 3 \times (93)}$$

$$= 2.17$$

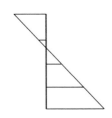

$$M_{top} = -72 \mathrm{kN \cdot m}$$

$$M_A = -17 \mathrm{kN \cdot m}$$

$$M_B = 38 \mathrm{kN \cdot m}$$

$$M_C = 93 \mathrm{kN \cdot m}$$

$$M_{bottom} = 148 \mathrm{kN \cdot m}$$

$$M_{nx} = C_b \left[M_p - (M_p - 0.7 F_y S_x) \left(\frac{L_b - L_p}{L_r - L_p} \right) \right]$$

$$= 2.17 \times \left[777 - (777 - 0.7 \times 355 \times 1.98) \times \left(\frac{4,500 - 3,166}{7,531 - 3,166} \right) \right]$$

$$= 1,497 \mathrm{kN \cdot m} > M_p (= 777 \mathrm{kN \cdot m})$$

따라서 횡비틀림좌굴 한계상태 휨강도는 소성모멘트(M_p)와 같다.

(4) 설계휨강도 결정

(1), (2), (3)에 의하여 설계강도(M_{cx})는 소성휨모멘트에 의해 산정된다.

$$M_{cx} = \phi_b M_{nx} = 0.9 \times 777 = 699 \mathrm{kN \cdot m}$$

7. 약축방향 설계휨강도($M_{cy} = \phi M_{ny}$)

약축방향의 설계휨강도(M_{cx})는 부재의 소성모멘트와 국부좌굴 강도를 비교하여 최솟값을 택한다. 주어진 기둥 부재의 경우 앞서 강축방향에 대한 검토에서 보듯이 플랜지 국부좌굴과 웨브 국부좌굴에 대하여 컴팩트 단면이므로 약축방향의 설계휨강도는 소성모멘트에 의해 산정하면 된다.

$$M_{ny} = M_p = F_y Z_y = 355 \times 733,000 \times 10^{-6} = 260 \mathrm{kN \cdot m}$$

$$M_{cy} = \phi_b M_{ny} = 0.9 \times 260 = 234 \mathrm{kN \cdot m}$$

8. 조합력에 대한 내력 상관관계식 검토

$$\frac{P_r}{P_c} = \frac{1,560}{3,310} = 0.47 > 0.2$$

$$\frac{P_r}{P_c} + \frac{8}{9}\left(\frac{M_{rx}}{M_{cx}} + \frac{M_{ry}}{M_{cy}}\right) = \frac{1,560}{3,310} + \frac{8}{9} \times \left(\frac{148}{699} + \frac{14.8}{234}\right) = 0.72 < 1.0 \qquad \therefore \text{ OK}$$

QUESTION

05

다음 그림과 같이 트러스의 부재 A는 축압축력과 부재하중을 동시에 받고 있다. 부재 A(H-200×200×8×12, SM355A)의 적합성 여부를 검토하시오. 면내 및 면외 유효좌굴길이는 부재 절점 간 길이를 적용한다.($K_x = 1.0$, $K_y = 1.0$이고 $E = 210,000\,\text{N/mm}^2$, 플랜지와 웨브 두께가 모두 16mm 이하이므로 항복강도 $F_y = 355\text{N/mm}^2$)

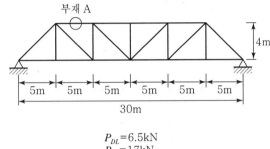

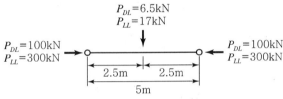

1. 부재의 단면성능(H-200×200×8×12)

$A = 6,353\,\text{mm}^2$, $Z_x = 526,000\,\text{mm}^3$, $Z_y = 244,000\,\text{mm}^3$

$I_x = 4.72 \times 10^7\,\text{mm}^4$, $I_y = 1.60 \times 10^7\,\text{mm}^4$

$r_x = 86.2\,\text{mm}$, $r_y = 50.2\,\text{mm}$, $r(필렛반경) = 13\text{mm}$

2. 소요압축강도(P_r) 산정

$P_r = 1.2P_{DL} + 1.6P_{LL} = 1.2 \times 100 + 1.6 \times 300 = 600\text{kN}$

3. 소요휨강도(M_{rx}) 산정

(1) 1차해석에 의한 휨모멘트

$$P_u = 1.2P_{DL} + 1.6P_{LL} = 1.2 \times 6.5 + 1.6 \times 17 = 35\text{kN}$$

$$M_0 = \frac{P_u L}{4} = 43.75\text{kN} \cdot \text{m}$$

(2) 모멘트 증폭계수(B_1) 반영

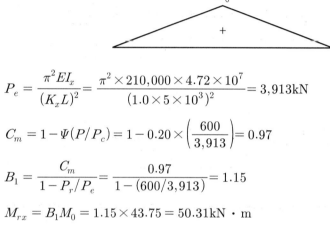

$$P_e = \frac{\pi^2 EI_x}{(K_x L)^2} = \frac{\pi^2 \times 210,000 \times 4.72 \times 10^7}{(1.0 \times 5 \times 10^3)^2} = 3,913\text{kN}$$

$$C_m = 1 - \Psi(P/P_c) = 1 - 0.20 \times \left(\frac{600}{3,913}\right) = 0.97$$

$$B_1 = \frac{C_m}{1 - P_r/P_e} = \frac{0.97}{1 - (600/3,913)} = 1.15$$

$$M_{rx} = B_1 M_0 = 1.15 \times 43.75 = 50.31\text{kN} \cdot \text{m}$$

4. 설계압축강도($P_c = \phi P_n$) 산정

위험좌굴축 결정

$$\left(\frac{KL}{r}\right)_x = \frac{1.0 \times 5,000}{86.2} = 58.0, \quad \left(\frac{KL}{r}\right)_y = \frac{1.0 \times 5,000}{50.2} = 99.6$$

$$\Rightarrow \left(\frac{KL}{r}\right)_{\max} = \left(\frac{KL}{r}\right)_y = 99.6 \text{ (약축방향 좌굴이 지배)}$$

$$\frac{KL}{r} = 99.6 < 4.71\sqrt{\frac{E}{F_y}} = 4.71 \times \sqrt{\frac{210,000}{355}} = 114.6$$

혹은

$$F_e = \frac{\pi^2 E}{\left(\frac{KL}{r}\right)^2} = \frac{\pi^2 \times 210,000}{(99.6)^2} = 209\text{N}/\text{mm}^2 \Rightarrow F_y/F_e = 1.70 \le 2.25$$

$$F_{cr} = \left(0.658^{\frac{F_y}{F_e}}\right) F_y = \left(0.658^{1.7}\right) \times 355 = 174$$

$$P_c = \phi_c P_n = \phi_c F_{cr} A_g = 0.9 \times 174 \times 6{,}353 \times 10^{-3} = 995 \text{kN}$$

5. 설계휨강도($M_{cx} = \phi M_{nx}$)

설계휨강도(M_{cx})는 부재의 소성모멘트, 국부좌굴, 횡비틀림좌굴 강도를 비교하여 최솟값을 택한다.

(1) 소성모멘트

$$M_p = F_y Z_x = 355 \times 526{,}000 \times 10^{-6} = 187 \text{kN} \cdot \text{m}$$

(2) 국부좌굴을 고려한 휨강도

1) 플랜지 국부좌굴(Flange Local Buckling, FLB)

$$\lambda = b/t_f = (200/2)/12 = 8.33$$

$$\lambda_p = 0.38\sqrt{E/F_y} = 0.38 \times \sqrt{210{,}000/355} = 9.24$$

$\therefore \lambda < \lambda_p$로서 조밀단면이므로 강도저감이 필요치 않다.

2) 웨브 국부좌굴(Web Local Buckling, WLB)

$$\lambda = h/t_w = [200 - 2 \times (12+13)]/8 = 18.75$$

$$\lambda_p = 3.76\sqrt{E/F_y} = 3.76 \times \sqrt{210{,}000/355} = 91.45$$

$\therefore \lambda < \lambda_p$로서 조밀단면이므로 강도저감이 필요치 않다.

(3) 횡비틀림좌굴(Lateral Torsional Buckling, LTB)을 고려한 휨강도

1) 횡비틀림좌굴구간 검토

$$L_b = 5{,}000 \text{mm}$$

$$L_p = 1.76 r_y \sqrt{E/F_y} = 1.76 \times 50.2 \times \sqrt{210{,}000/355} = 2{,}149 \text{mm}$$

$$L_r = 1.95 r_{ts} \frac{E}{0.7F_y} \sqrt{\frac{Jc}{S_x h_o}} \sqrt{1 + \sqrt{1 + 6.76\left(\frac{0.7F_y}{E}\frac{S_x h_o}{Jc}\right)^2}} \quad \text{(식 6.10)}$$

$$= 1.95 \times (56.4) \times \frac{210,000}{0.7 \times (355)} \times \sqrt{\frac{(2.60 \times 10^5) \times 1}{(4.72 \times 10^5) \times 188}} \times$$

$$\sqrt{1 + \sqrt{1 + 6.76 \times \left(\frac{0.7 \times (355)}{210,000} \times \frac{(4.72 \times 10^5) \times 188}{(2.60 \times 10^5) \times 1} \right)^2}}$$

$$= 7,871\text{mm}$$

여기서, $r_{ts} = \sqrt{\dfrac{I_y h_o}{2S_x}} = \sqrt{\dfrac{(1.60 \times 10^7) \times 188}{2 \times 4.72 \times 10^5}} = 56.4\text{mm}$

$h_o = 188\text{mm}$: 상하부 플랜지 간 중심거리

$c = 1$: 2축대칭인 H형강 부재의 경우

$S_x = 4.72 \times 10^5 \text{mm}^3$: 탄성단면계수

$J = 2.60 \times 10^5 \text{mm}^4$: 단면비틀림상수

$\therefore L_p < L_b < L_r$ 으로서 비탄성 횡비틀림좌굴구간에 해당한다.

2) C_b 산정

$$C_b = \frac{12.5 M_{\max}}{2.5 M_{\max} + 3 M_A + 4 M_B + 3 M_C} R_m$$

$$= \frac{12.5 \times 43.75}{2.5 \times 43.75 + 3 \times 21.9 + 4 \times 43.75 + 3 \times 21.9} \times 1 = 1.32$$

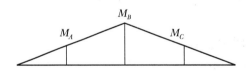

$M_A = 21.9\text{kN} \cdot \text{m}$

$M_B = 43.75\text{kN} \cdot \text{m}$

$M_C = 21.9\text{kN} \cdot \text{m}$

$$M_{nx} = C_b \left[M_p - (M_p - 0.7 F_y S_x) \left(\frac{L_b - L_p}{L_r - L_p} \right) \right]$$

$$= 1.32 \times \left[187 - (187 - 0.7 \times 355 \times 0.472 \times 10^6 \times 10^{-6}) \times \left(\frac{5,000 - 2,149}{7,871 - 2,149} \right) \right]$$

$$= 199\text{kN} \cdot \text{m} > M_p (= 187\text{kN} \cdot \text{m})$$

따라서 횡비틀림좌굴 한계상태 휨강도는 소성모멘트(M_p)와 같다.

(4) 설계휨강도 결정

위 (1), (2), (3)에 의하여 설계강도(M_{cx})는 소성휨모멘트에 의해 산정된다.

$M_{cx} = \phi_b M_{nx} = 0.9 \times 187 = 168\text{kN} \cdot \text{m}$

6. 조합력에 대한 내력 상관관계식 검토

$$\frac{P_r}{P_c} = \frac{600}{995} = 0.6 > 0.2$$

$$\frac{P_r}{P_c} + \frac{8}{9}\left(\frac{M_{rx}}{M_{cx}} + \frac{M_{ry}}{M_{cy}}\right) = \frac{600}{995} + \frac{8}{9} \times \left(\frac{50.31}{168}\right) = 0.87 < 1.0 \qquad \therefore \text{ OK}$$

06

그림과 같은 길이 9m의 H형강 부재가 트러스 인장재로 사용되고 있다. 계수인장력은 $P_r = 1,500\text{kN}$이고, 계수중력하중 $Q_r = 100\text{kN}$이 부재 중앙부에 작용하여 강축휨을 유발하고 있다. 이 부재에 압연H형강 H-600×200×11×17(SM275A)이 사용될 경우 적정성 여부를 검토하시오.(항복강도는 플랜지의 두께가 16mm를 초과하므로 플랜지 항복강도를 기준으로 하여 $F_y = 265\text{N/mm}^2$, $E = 210,000\text{N/mm}^2$)

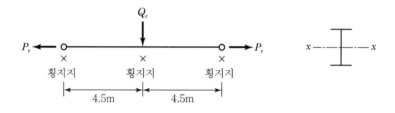

1. 설계조건(H-600×200×11×17)

$A = 13,440\text{mm}^2$, $Z_x = 2,980,000\text{mm}^3$, $Z_y = 361,000\text{mm}^3$

$I_x = 7.76 \times 10^8\text{mm}^4$, $I_y = 2.28 \times 10^7\text{mm}^4$

$r_x = 240\text{mm}$, $r_y = 41.2\text{mm}$, $r(필렛반경) = 22\text{mm}$

2. 소요인장강도(P_r)

$P_r = 1,500\text{kN}$

3. 소요휨강도(M_{rx}) 산정

주어진 부재는 인장력을 받는 경우이므로 축력에 의한 모멘트 증폭을 고려할 필요가 없다.

$$M_{rx} = M_{\max} = \frac{Q_r L}{4} = \frac{100 \times 9}{4} = 225\text{kN} \cdot \text{m}$$

4. 설계인장강도($P_c = \phi P_n$) 산정

$$P_c = \phi_t P_n = \phi_c F_y A_g = 0.9 \times 265 \times 13,440 \times 10^{-3} = 3,205\text{kN}$$

5. 설계휨강도($M_{cx} = \phi M_{nx}$)

설계휨강도(M_{cx})는 부재의 소성모멘트, 국부좌굴, 횡비틀림좌굴 강도를 비교하여 최솟값을 택한다.

(1) 소성모멘트

$$M_p = F_y Z_x = 265 \times 2,980,000 \times 10^{-6} = 789.7\text{kN} \cdot \text{m}$$

(2) 국부좌굴을 고려한 휨강도

1) 플랜지 국부좌굴(Flange Local Buckling, FLB)

$$\lambda = b/t_f = (200/2)/17 = 5.88$$

$$\lambda_p = 0.38\sqrt{E/F_y} = 0.38 \times \sqrt{210,000/265} = 10.70$$

$$\therefore \lambda < \lambda_p \text{로서 조밀단면이므로 강도저감이 필요치 않다.}$$

2) 웨브 국부좌굴(Web Local Buckling, WLB)

$$\lambda = h/t_w = [600 - 2 \times (17 + 22)]/11 = 47.45$$

$$\lambda_p = 3.76\sqrt{E/F_y} = 3.76 \times \sqrt{210,000/265} = 105.85$$

$$\therefore \lambda < \lambda_p \text{로서 조밀단면이므로 강도저감이 필요치 않다.}$$

(3) 횡비틀림좌굴(Lateral Torsional Buckling, LTB)을 고려한 휨강도

1) 횡비틀림좌굴구간 검토

$$L_b = 4,500\text{mm}$$

$$L_p = 1.76 r_y \sqrt{E/F_y} = 1.76 \times (41.2) \times \sqrt{210,000/265} = 2,041\text{mm}$$

$$L_r = 1.95 r_{ts} \frac{E}{0.7F_y} \sqrt{\frac{Jc}{S_x h_o}} \sqrt{1 + \sqrt{1 + 6.76\left(\frac{0.7F_y}{E}\frac{S_x h_o}{Jc}\right)^2}}$$

$$= 1.95 \times (50.7) \times \frac{210,000}{0.7 \times (265)} \times \sqrt{\frac{(9.06 \times 10^5) \times 1}{(2.59 \times 10^6) \times 583}} \times$$

$$\sqrt{1 + \sqrt{1 + 6.76\left(\frac{0.7 \times (265)}{210,000} \times \frac{(2.59 \times 10^6) \times 583}{(9.060 \times 10^5) \times 1}\right)^2}}$$

$$= 6,102\text{mm}$$

여기서, $r_{ts} = \sqrt{\dfrac{I_y h_o}{2 S_x}} = \sqrt{\dfrac{(2.28 \times 10^7) \times 583}{2 \times 2.59 \times 10^6}} = 50.7\text{mm}$

$h_o = 583\text{mm}$: 상하부 플랜지 간 중심거리

$c = 1$: 2축대칭인 H형강 부재의 경우

$S_x = 2.59 \times 10^6 \text{mm}^3$: 탄성단면계수

$J = 9.06 \times 10^5 \text{mm}^4$: 단면비틀림상수

$\therefore L_p < L_b < L_r$ 으로서 비탄성 횡비틀림좌굴구간에 해당한다.

2) C_b 산정

$$C_b = \frac{12.5 M_{\max}}{2.5 M_{\max} + 3 M_A + 4 M_B + 3 M_C}$$

$$= \frac{12.5 \times 225}{2.5 \times 225 + 3 \times 56.25 + 4 \times 112.5 + 3 \times 168.75} = 1.67$$

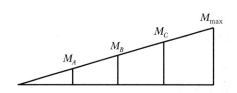

$M_A = 56.25\text{kN} \cdot \text{m}$

$M_B = 112.5\text{kN} \cdot \text{m}$

$M_C = 168.75\text{kN} \cdot \text{m}$

$M_{\max} = 225\text{kN} \cdot \text{m}$

2축대칭단면을 가진 부재에 인장력과 휨이 동시에 작용하는 경우

"tension-stiffening" 효과에 의해 C_b 값을 $\sqrt{1 + \dfrac{P_u}{P_{ey}}}$ 만큼 증가시킬 수 있다.

$$P_{ey} = \frac{\pi^2 E I_y}{L_b^2} = \frac{\pi^2 \times 210,000 \times 2.28 \times 10^7}{(4,500)^2} \times 10^{-3} = 2,334\text{kN}$$

$$C_b' = C_b \sqrt{1 + \frac{P_u}{P_{ey}}} = 1.67 \times \sqrt{1 + \frac{1,500}{2,334}} = 2.14$$

$$M_{nx} = C_b' \left[M_p - (M_p - 0.7 F_y S_x)\left(\frac{L_b - L_p}{L_r - L_p}\right) \right]$$

$$= 2.14 \times \left[789.7 - (789.7 - 0.7 \times 265 \times 2.59 \times 10^6 \times 10^{-6}) \times \left(\frac{4,500 - 2,041}{6,102 - 2,041}\right) \right]$$

$$= 1,289.2\text{kN} \cdot \text{m} > M_p (= 789.7\text{kN} \cdot \text{m})$$

따라서 모멘트 구배 및 인장 스티프닝 효과로 인해 횡비틀림좌굴 거동에 의한 휨강도 저하는 없음을 알 수 있다.

(4) 설계휨강도 결정

위 (1), (2), (3)에 의하여 설계휨강도(M_{cx})는 소성휨모멘트(M_p)에 의해 산정된다.

$$M_{cx} = \phi_b M_{nx} = 0.9 \times 789.7 = 710.7 \text{kN} \cdot \text{m}$$

6. 조합력에 대한 내력 상관관계식 검토

$$\frac{P_r}{P_c} = \frac{1,500}{3,205} = 0.47 > 0.2$$

$$\frac{P_r}{P_c} + \frac{8}{9}\left(\frac{M_{rx}}{M_{cx}} + \frac{M_{ry}}{M_{cy}}\right) = \frac{1,500}{3,205} + \frac{8}{9} \times \left(\frac{225}{710.7}\right) = 0.75 < 1.0 \qquad \therefore \text{ OK}$$

CHAPTER

08 합성부재

1. 합성기둥

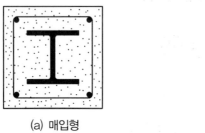

(a) 매입형　　　　　　　　　　(b) 충전형

[그림 8.1] 합성기둥의 종류

2. 매입형 합성기둥

(1) 구조제한

① 강재 코어의 단면적은 총단면적의 1% 이상으로 한다.

② 횡방향철근의 중심 간 간격은 직경 D10의 철근을 사용할 경우에는 300mm 이하, 직경 D13 이상의 철근을 사용할 경우에는 400mm 이하로 한다.

③ 최소한 4개의 연속된 모서리 길이방향 철근을 사용해야 하며, 연속된 길이방향철근의 최소철근비 ρ_{sr} 는 0.004로 하며 다음 식으로 구한다.

$$\rho_{sr} = \frac{A_{sr}}{A_g} \quad\cdots\cdots\cdots\cdots\cdots\cdots\cdots\cdots\cdots\cdots\cdots\cdots\cdots\cdots\cdots\cdots\cdots\cdots\cdots\cdots\cdots (8.1)$$

여기서, A_{sr} : 연속길이방향 철근의 단면적(mm²)

A_g : 합성부재의 총단면적(mm²)

④ 강재코어와 길이방향철근의 최소순간격은 철근 직경의 1.5배 이상 또는 40mm 중 큰 값으로 한다. 또한, 플랜지에 대한 콘크리트의 순피복두께는 플랜지 폭의 1/6 이상으로 한다.

(2) 매입형 합성기둥의 압축강도 P_n

강도저항계수 : $\phi_c = 0.75$

1) $\dfrac{P_{no}}{P_e} \leq 2.25$인 경우

$$P_n = P_{no}\left[0.658^{\left(\frac{P_{no}}{P_e}\right)}\right]$$ ·· (8.2)

2) $\dfrac{P_{no}}{P_e} > 2.25$인 경우

$$P_n = 0.877 P_e$$ ·· (8.3)

여기서, $P_{no} = F_y A_s + F_{yr} A_{sr} + 0.85 f_{ck} A_c$ ························· (8.4)

$P_e = \pi^2 (EI_{eff}) / (KL)^2$ ··· (8.5)

여기서, A_s : 강재단면적($\mathrm{mm^2}$)

A_c : 콘크리트단면적($\mathrm{mm^2}$)(단, 강재코어의 설계기준 공칭항복강도가 450 $\mathrm{N/mm^2}$를 초과할 경우는 $A_c = A_{ce}$로 산정)

A_{ce} : 매입합성기둥의 경우 피복두께와 띠철근 직경을 제외한 심부 콘크리트의 유효단면적($\mathrm{mm^2}$)

A_{sr} : 연속된 길이방향철근의 단면적($\mathrm{mm^2}$)

E_c : 콘크리트의 탄성계수($\mathrm{N/mm^2}$)

E_s : 강재의 탄성계수($\mathrm{N/mm^2}$)

f_{ck} : 콘크리트의 설계기준압축강도($\mathrm{N/mm^2}$)

F_y : 강재의 설계기준항복강도($\mathrm{N/mm^2}$)

F_{yr} : 철근의 설계기준항복강도($\mathrm{N/mm^2}$)

I_c : 콘크리트 단면의 단면 2차 모멘트($\mathrm{mm^4}$)

I_s : 강재단면의 단면 2차 모멘트($\mathrm{mm^4}$)

I_{sr} : 철근단면의 단면 2차 모멘트($\mathrm{mm^4}$)

K : 부재의 유효좌굴길이계수

L : 부재의 횡지지길이(mm)

EI_{eff} : 합성단면의 유효강성($\mathrm{N \cdot mm^2}$)(단, 강재코어의 설계기준 공칭항복강도가 450$\mathrm{N/mm^2}$를 초과하여도 합성단면의 유효강성 산정에는 콘크리트 전체단면적(A_c)을 사용한다.)

$$EI_{eff} - E_s I_s + 0.5 E_s I_{sr} + C_1 E_c I_c \quad \text{............................} \quad (8.6)$$

$$C_1 = 0.1 + 2 \left(\frac{A_s}{A_c + A_s} \right) \le 0.3 \quad \text{............................} \quad (8.7)$$

3) 매입형 합성기둥의 인장강도

$$P_n = F_y A_s + F_{yr} A_{sr} \quad \text{............................} \quad (8.8)$$

$$\phi_t = 0.90$$

4) 매입형 합성기둥의 전단강도

$$V_n = 0.6 F_y A_w + A_{sr} F_{yr} \frac{d}{s} \quad \text{............................} \quad (8.9)$$

$$\phi_v = 0.75$$

또는

$$V_n = \frac{1}{6} \left(1 + \frac{N_u}{14 A_g} \right) \sqrt{f_{ck}} \, bd + A_{sr} F_{yr} \frac{d}{s} \quad \text{............................} \quad (8.10)$$

$$\phi_v = 0.75$$

여기서, $A_{sr} F_{yr}(d/s)$: 띠철근의 공칭전단강도
A_{sr} : 띠철근의 단면적
d : 콘크리트 단면의 유효춤
N_u : 압축력
A_g : 전체단면적
s : 띠철근의 간격

5) 힘의 분배

매입형 합성기둥에서 강재와 콘크리트 간에 전달되어야 할 힘의 크기는 다음과 같이 분배할 수 있다.

① 외력이 강재단면에 직접 가해지는 경우

모든 외력이 강재단면에 직접 가해지는 경우, 콘크리트에 전달되어야 할 힘 V_r'

$$V_r' = P_r(1 - F_y A_s / P_{no}) \quad \cdots\cdots\cdots\cdots\cdots\cdots\cdots\cdots\cdots\cdots\cdots\cdots\cdots \text{(8.11)}$$

여기서, P_{no} : 길이효과를 고려하지 않은 공칭압축강도(N)(식 (8.4) 참조)
P_r : 합성부재에 가해지는 소요외력(N)

② 외력이 콘크리트에 직접 가해지는 경우

모든 외력이 피복콘크리트 또는 충전콘크리트에 직접 가해지는 경우, 강재에 전달되어야 할 힘 V_r'

$$V_r' = P_r(F_y A_s / P_{no}) \quad \cdots\cdots\cdots\cdots\cdots\cdots\cdots\cdots\cdots\cdots\cdots\cdots\cdots\cdots \text{(8.12)}$$

③ 외력이 강재단면과 콘크리트에 동시에 가해지는 경우

외력이 강재단면과 매입콘크리트 또는 충전콘크리트에 동시에 가해지는 경우, 콘크리트에서 강재 또는 강재에서 콘크리트로 전달되어야 할 힘 V_r'은 강재에 직접 가해지는 외력의 일부 P_{rs}와 식 (8.12)에서 산정한 힘 V_r'과의 차이로 한다.

$$V_r' = P_{rs} - P_r(F_y A_s / P_{no}) \quad \cdots\cdots\cdots\cdots\cdots\cdots\cdots\cdots\cdots\cdots\cdots \text{(8.13)}$$

여기서, P_{rs} : 강재에 직접 가해지는 외력의 일부 힘(N)

6) 각 스터드앵커의 설계전단강도 ϕQ_{nv}

$$Q_{nv} = F_u A_{sa} \quad \cdots\cdots\cdots\cdots\cdots\cdots\cdots\cdots\cdots\cdots\cdots\cdots\cdots\cdots\cdots\cdots\cdots\cdots \text{(8.14)}$$

$$\phi_v = 0.65$$

여기서, Q_{nv} : 스터드앵커의 공칭전단강도(N)
A_{sa} : 스터드앵커의 단면적(mm^2)
F_u : 스터드앵커의 설계기준인장강도(N/mm^2)

3. 충전형 합성기둥

- 강관의 단면적은 총단면적의 1% 이상으로 한다.
- 폭두께비는 [표 8.1]의 폭두께비 제한을 만족해야 한다.

(a) 비충전각형강관   (b) 충전각형강관

[그림 8.2] 각형강관의 국부좌굴

▼ [표 8.1] 압축력을 받는 충전형 합성부재의 폭두께비 제한

구분	폭두께비	λ_p 조밀/비조밀	λ_r 비조밀/세장	λ_{max} 최대허용
각형강관	b/t	$2.26\sqrt{\dfrac{E}{F_y}}$	$3.00\sqrt{\dfrac{E}{F_y}}$	$5.00\sqrt{\dfrac{E}{F_y}}$
원형강관	D/t	$\dfrac{0.15E}{F_y}$	$\dfrac{0.19E}{F_y}$	$\dfrac{0.31E}{F_y}$

※ 각형강관 : 사각형강관 및 두께가 일정한 용접사각형강관

(1) 충전형 합성기둥의 압축강도

강도저항계수는 $\phi_c = 0.75$

1) 조밀단면

$$P_{no} = P_p \quad \cdots\cdots (8.15)$$

여기서, $P_p = F_y A_s + F_{yr} A_{sr} + C_2 f_{ck} A_c \quad \cdots\cdots (8.16)$

C_2 : 사각형 단면에서는 0.85, 원형단면에서는 $0.85 \times \left(1 + 1.56 \dfrac{F_y t}{D_c f_{ck}}\right) < 1.5$

D_c : $D - 2t(t$: 강관의 두께)

2) 비조밀단면

$$P_{no} = P_p - \frac{P_p - P_y}{(\lambda_r - \lambda_p)^2}(\lambda - \lambda_p)^2 \quad \cdots\cdots\cdots\cdots\cdots\cdots\cdots \quad (8.17)$$

여기서, λ, λ_p와 λ_r은 [표 8.1]의 폭(직경)두께비 제한값

$$P_y = F_y A_s + 0.7 f_{ck}\left(A_c + A_{sr}\frac{E_s}{E_c}\right) \quad \cdots\cdots\cdots\cdots\cdots\cdots \quad (8.18)$$

3) 세장단면

$$P_{no} = F_{cr} A_s + 0.7 f_{ck}\left(A_c + A_{sr}\frac{E_s}{E_c}\right) \quad \cdots\cdots\cdots\cdots\cdots \quad (8.19)$$

여기서, 각형 단면 : $F_{cr} = \dfrac{9E_s}{(b/t)^2}$ $\quad \cdots\cdots\cdots\cdots\cdots\cdots \quad (8.20)$

원형 단면 : $F_{cr} = \dfrac{0.72F_y}{\left[(D/t)(F_y/E_s)\right]^{0.2}}$ $\quad \cdots\cdots\cdots \quad (8.21)$

합성단면의 유효강성

$$EI_{eff} = E_s I_s + E_s I_{sr} + C_3 E_c I_c \quad \cdots\cdots\cdots\cdots\cdots\cdots \quad (8.22)$$

여기서, C_3는 충전형 합성압축부재의 유효강성을 구하기 위한 계수

$$C_3 = 0.6 + 2\left[\frac{A_s}{A_c + A_s}\right] \le 0.9 \quad \cdots\cdots\cdots\cdots\cdots \quad (8.23)$$

(2) 충전형 합성기둥의 인장강도

$$P_n = A_s F_y + A_{sr} F_{yr} \quad \cdots\cdots\cdots\cdots\cdots\cdots\cdots\cdots\cdots \quad (8.24)$$

$\phi_t = 0.90$

(3) 충전형 합성기둥의 전단강도

충전형 합성기둥의 설계전단강도는 매입형 합성기둥의 경우와 동일한 방법으로 산정한다.

01

아래 그림과 같은 매입형 합성기둥이 고정하중 1,500kN, 활하중 2,500kN을 받을 때 설계기준(KBC 2016) 구조제한을 검토하고 이 기둥이 받을 수 있는 최대 설계압축강도를 산정하시오.(단, 휨 및 전단에 대한 조건은 무시하며, 양단부의 경계조건은 핀으로 가정한다.)

[조건]

- 콘크리트 : $f_{ck} = 24\,\text{MPa}$, $E_c = 29,800\,\text{MPa}$
- 철 근 : $f_y = 400\,\text{MPa}$, $E_s = 200,000\,\text{MPa}$

  HD25 철근($A_g = 507\,\text{mm}^2$)

  HD13 철근($A_g = 127\,\text{mm}^2$)
- 철골강재 : $F_y = 325\,\text{MPa}$, $F_u = 490\,\text{MPa}$, $E_s = 210,000\,\text{MPa}$

  H$-300 \times 300 \times 10 \times 15$(SM355A)

  $A_s = 11,980\,\text{mm}^2$

  $I_x = 20,400 \times 10^4\,\text{mm}^4$

  $I_y = 6,750 \times 10^4\,\text{mm}^4$
- 기둥의 순높이 : 4.5m

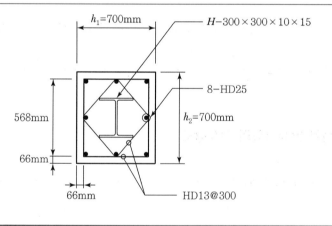

1. 계수하중

$$P_u = 1.4 \times (1,500) = 2,100\,\text{kN}$$

$$P_u = 1.2DL + 1.6LL = 1.2 \times (1,500) + 1.6 \times (2,500) = 5,800\,\text{kN}$$

2. 재료 특성

① 강재 : $F_y = 355\,\text{MPa}$, $F_u = 490\,\text{MPa}$, $E_s = 210,000\,\text{MPa}$

② 콘크리트 : $f_{ck} = 24\,\text{MPa}$, $E_c = 29,800\,\text{MPa}$

③ 철근 : $F_{yr} = 400\,\text{MPa}$, $E_s = 200,000\,\text{MPa}$

3. 단면 특성

① $\text{H} - 300 \times 300 \times 10 \times 15$: $A_s = 11,980\,\text{mm}^2$, $I_y = 6,750 \times 10^4\,\text{mm}^4$

② 길이방향철근(8 − HD25) : $A_{sr} = 8(507) = 4,056\,\text{mm}^2$

$$I_{sr} = \Sigma\left(\frac{\pi r^4}{4}\right) + \Sigma\left(Ad^2\right) = 8\frac{\pi(25/2)^4}{4} + 6(507)(284)^2$$

$$= 153,320 + 245,355,000 = 245.5 \times 10^6\,\text{mm}^4$$

③ 콘크리트

$$A_c = A_{cg} - A_s - A_{sr} = 490,000 - 11,980 - 4,056 = 474,000\,\text{mm}^2$$

$$I_c = I_{cg} - I_s - I_{sr} = \frac{700 \times 700^3}{12} - 6,750 \times 10^4 - 245.5 \times 10^6 = 19,695 \times 10^6\,\text{mm}^4$$

4. 구조제한 검토

(1) 형강재의 단면적

$$\rho_s = \frac{A_s}{A_g} = \frac{11,980}{490,000} = 0.0244 > 0.01 \qquad \therefore\ \text{OK}$$

(2) 횡방향철근(HD13 @300)의 단면적

$$\frac{2(127)}{300} = 0.85\,\text{mm}^2/\text{mm} > 0.23\,\text{mm}^2/\text{mm} \qquad \therefore\ \text{OK}$$

(3) 길이방향철근(4 − D25)의 단면적

$$\rho_{sr} = \frac{A_{sr}}{A_g} = \frac{4,056}{490,000} = 0.00828 > 0.004 \qquad \therefore\ \text{OK}$$

5. 설계압축강도

(1) 세장효과를 고려하지 않은 압축강도(소성압축강도)

$$P_0 = A_s F_y + A_{sr} F_{yr} + 0.85 A_c F_{ck}$$
$$= (11,980)(355) + (4,056)(400) + 0.85(474,000)(24)$$
$$= 15,545 \times 10^3 \text{N}$$

(2) 합성단면의 유효강성

$$C_1 = 0.1 + 2\left(\frac{A_s}{A_c + A_s}\right) = 0.1 + 2\left(\frac{11,980}{474,000 + 11,980}\right) = 0.149 \leq 0.3$$

$$EI_{eff} = E_s I_s + 0.5 E_s I_{sr} + C_1 E_c I_c$$
$$= (210,000)(6,750 \times 10^4) + 0.5(200,000)(245.5 \times 10^6)$$
$$+ (0.149)(29,800)(19,695 \times 10^6)$$
$$= 126.2 \times 10^{12} \text{N} \cdot \text{mm}^2$$

(3) 탄성좌굴강도

$$P_e = \pi^2 (EI_{eff}) / (KL)^2 = \pi^2 (126.2 \times 10^{12}) / (4,500)^2 = 61,508 \times 10^3 \text{N} = 61,508 \text{kN}$$

(4) 공칭압축강도

$$0.44 P_0 = 0.44(15,545) = 6,840 \text{kN}$$

$$P_e \geq 0.44 P_0 \text{이므로}$$

$$P_n = P_0 \left[0.658^{\left(\frac{P_0}{P_e}\right)}\right] = 15,545 \left[0.658^{\left(\frac{15,545}{61,508}\right)}\right] = 13,985 \text{kN}$$

$$\therefore \phi_c P_n = 0.75 \times 13,985 = 10,489 \text{kN} > P_u = 5,800 \text{kN} \qquad \therefore \text{OK}$$

QUESTION

02

다음 그림과 같은 충전형 각형 강관 합성기둥의 설계압축강도를 산정하시오.

> • 각형 강관 : □−250×250×8(SM355A, $F_y = 355\text{N/mm}^2$)
>
> $$A_s = 7,579\text{mm}^2,\ I_s = 7.32 \times 10^7 \text{mm}^4$$
>
> • 콘크리트 : $f_{ck} = 24\text{N/mm}^2,\ E_c = 27,000\text{N/mm}^2$
>
> • 부재 유효좌굴길이 : $KL = 3.0\text{m}$

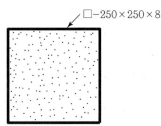

□−250×250×8

1. 구조제한 검토

(1) 강재비 검토

$$\rho_s = \frac{A_s}{A_g} = \frac{7,579}{250 \times 250} = 0.12 > 0.01 \qquad \therefore \text{OK}$$

(2) 폭두께비 검토

$$\frac{b}{t} = \frac{250 - 8 \times 2}{8} = 29.25 < 2.26\sqrt{E/F_y} = 2.26\sqrt{210,000/355} = 54.9 \qquad \therefore \text{OK}$$

2. 단면성능 검토

(1) 합성단면의 유효강성

$$A_c = (250 - 8 \times 2)^2 = 54,756\text{mm}^2$$

$$I_c = \frac{234 \times 234^3}{12} = 2.50 \times 10^8 \text{mm}^4$$

$$C_2 = 0.6 + 2\left(\frac{A_s}{A_c + A_s}\right) = 0.6 + 2\left(\frac{7,579}{54,756 + 7,579}\right) = 0.84 < 0.9$$

$$
\begin{aligned}
EI_{eff} &= E_s I_s + E_s I_{sr} + C_2 E_c I_c \\
&= 210,000 \times 7.32 \times 10^7 + 0.84 \times 27,000 \times 2.50 \times 10^8 \\
&= 2,104,200 \times 10^7 \mathrm{N} \cdot \mathrm{mm}^2
\end{aligned}
$$

(2) 탄성좌굴강도 산정

$$P_e = \frac{\pi^2 EI_{eff}}{(KL)^2} = \frac{\pi^2 \times 2,104,200 \times 10^7}{3,000^2} \times 10^{-3} = 23,075 \mathrm{kN}$$

(3) 단면의 압괴에 해당하는 강도 산정

$$
\begin{aligned}
P_{no} &= A_s F_y + A_{sr} F_{yr} + 0.85 f_{ck} A_c \\
&= (7,579 \times 355 + 0.85 \times 24 \times 54,756) \times 10^{-3} \\
&= 3,807.6 \mathrm{kN}
\end{aligned}
$$

(4) 설계압축강도 산정

$$\frac{P_{no}}{P_e} = \frac{3,807.6}{23,075} = 0.165 \leq 2.25$$

$$P_n = P_{no}\left[0.658^{\left(\frac{P_{no}}{P_e}\right)}\right] = 3,807.6\left[0.658^{0.165}\right] = 3,553.5 \mathrm{kN}$$

$$\therefore \ \phi_c P_n = 0.75 \times 3,553.5 = 2,665.1 \mathrm{kN}$$

03

각형강관 □-400×400×12(SM355A)에 철근콘크리트로 채워진 8m 높이의 충전합성기둥의 중심에 고정하중 1800kN, 활하중 2500kN의 압축력이 작용할 때 충전합성기둥의 구조안전성을 검토하시오. (KBC2016 적용)

◎ 검토조건

－각형강관 : □-400×400×12 (SM355A강재)

$F_y = 355\text{MPa}$, $F_u = 490\text{MPa}$,

$E_s = 2.1 \times 10^5 \text{MPa}$, $A_s = 18,624\text{mm}^2$

－콘크리트 : $f_{ck} = 27\text{MPa}$, $E_c = 2.67 \times 10^4 \text{MPa}$, $A_c = 138,280\text{mm}^2$

－철근 : $f_{yr} = 400\text{MPa}$, $E_{sr} = 2.0 \times 10^5 \text{MPa}$ HD22($A_1 = 387\text{mm}^2$)

$A_{sr} = 387 \times 8 = 3,096\text{mm}^2$

－하중조건 : $P_{DL} = 1,800\text{kN}$, $P_{LL} = 2,500\text{kN}$

－기둥의 양단부 경계조건은 핀으로 가정한다.

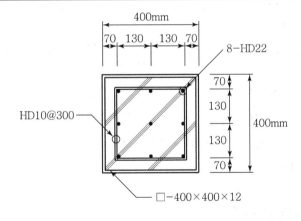

1. 소요강도

$$P_u = 1.2 \times 1,800 + 1.6 \times 2,500 = 6,160\text{kN}$$

2. 폭 두께비 검토

$$\frac{b}{t} = \frac{400 - 2 \times 12}{12} = 31.33 < 2.26\sqrt{\frac{E}{F_y}} = 2.26\sqrt{\frac{2.1 \times 10^5}{355}} = 54.96 \; : \; 조밀단면$$

3. 단면성능 검토

(1) 합성단면의 유효강성

$$A_c = (400 - 2 \times 12)^2 = 141{,}376\text{mm}^2$$

$$I_c = \frac{376 \times 376^3}{12} = 1.67 \times 10^9 \text{mm}^4$$

$$A_{sr} = 3{,}096\text{mm}^2$$

$$I_{sr} = n\frac{\pi d^4}{64} + Ad^2 = 8 \times \frac{\pi \times 22^4}{64} + 6 \times 387 \times 130^2 = 3.93 \times 10^7 \text{mm}^4$$

$$A_s = 18{,}624\text{mm}^2$$

$$I_s = \frac{12 \times 400^3}{12} \times 2 + 400 \times 12 \times \left(\frac{400}{2}\right)^2 \times 2 = 5.12 \times 10^8 \text{mm}^4$$

$$c_3 = 0.6 + 2\left(\frac{A_s}{A_c + A_s}\right) = 0.6 + 2\left(\frac{18{,}624}{141{,}376 + 18{,}624}\right) = 0.833 < 0.9$$

$$EI_{eff} = E_s I_s + E_{sr} I_{sr} + c_3 E_c I_c$$

$$= 2.1 \times 10^5 \times 5.12 \times 10^8 + 2 \times 10^5 \times 3.93 \times 10^7$$

$$+ 0.833 \times 2.67 \times 10^4 \times 1.67 \times 10^9$$

$$= 1.53 \times 10^{14} \text{N} \cdot \text{mm}^2$$

(2) 탄성좌굴강도 산정

$$P_e = \frac{\pi^2 EI_{eff}}{(KL)^2} = \frac{\pi^2 \times 1.53 \times 10^{14}}{(1.0 \times 8{,}000)^2} = 23{,}595\text{kN}$$

(3) P_{no} 산정

$$P_{no} = F_y A_s + F_{yr} A_{sr} + 0.85 f_{ck} A_c$$

$$= (355 \times 18{,}624 + 400 \times 3{,}096 + 0.85 \times 27 \times 141{,}376) \times 10^{-3} = 11{,}095\text{kN}$$

(4) 설계압축강도 산정

$$\frac{P_{no}}{P_e} = \frac{11,095}{23,595} = 0.47 < 2.25$$

$$P_n = P_{no}\left[0.658^{\left(\frac{P_{no}}{P_e}\right)}\right] = 11,095\left[0.658^{0.47}\right] = 9,113.7\text{kN}$$

$$\therefore \phi_c P_n = 0.75 \times 9,113.7 = 6,835\text{kN} > P_u = 6,160\text{kN} \qquad \therefore \text{ OK}$$

04

다음 그림과 같은 충전형 원형 강관 합성기둥의 설계압축강도를 산정하시오.

- 원형 강관 : $\phi - 600 \times 14$(SM355A, $F_y = 355\,\text{N/mm}^2$)

$$A_s = 25,770\,\text{mm}^2,\ I_s = 1.11 \times 10^9\,\text{mm}^4$$

- 콘크리트 : $f_{ck} = 24\,\text{N/mm}^2,\ E_c = 27,000\,\text{N/mm}^2$
- 부재 유효좌굴길이 : $KL = 6.5\,\text{m}$

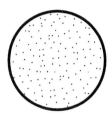

1. 구조제한 검토

(1) 강재비 검토

$$\rho_s = \frac{A_s}{A_g} = \frac{25,770}{\dfrac{\pi \times 600^2}{4}} = 0.091 > 0.01 \qquad \therefore \text{OK}$$

(2) 지름두께비 검토

$$\frac{D}{t} = \frac{600}{14} = 42.9 < 0.15\frac{E}{F_y} = 0.15 \times \frac{210,000}{355} = 88.7 \qquad \therefore \text{OK}$$

2. 단면성능 검토

(1) 합성단면의 유효강성

$$A_c = \frac{\pi \times D^2}{4} - A_s = \frac{\pi \times 600^2}{4} - 25,770 = 256,973\,\text{mm}^2$$

$$I_c = \frac{\pi d^4}{64} = \frac{\pi(600 - 14 \times 2)^4}{64} = 5.25 \times 10^9\,\text{mm}^4$$

$$C_2 = 0.6 + 2\left(\frac{A_s}{A_c + A_s}\right)$$

$$= 0.6 + 2\left(\frac{25,770}{256,973 + 25,770}\right) = 0.78 \leq 0.9$$

$$EI_{eff} = E_s I_s + E_s I_{sr} + C_2 E_c I_c \text{(보강철근이 없으므로 } I_{sr} = 0)$$

$$= 210,000 \times 1.11 \times 10^9 + 0.78 \times 27,000 \times 5.25 \times 10^9$$

$$= 343,665 \times 10^9 \text{N} \cdot \text{mm}^2$$

(2) 탄성좌굴강도 산정

$$P_e = \frac{\pi^2 EI_{eff}}{(KL)^2} = \frac{\pi^2 \times 343,665 \times 10^9}{(6,500)^2} = 80,280,179 \text{N} = 80,280 \text{kN}$$

(3) 단면의 압괴에 해당하는 강도 산정

$$P_{no} = A_s F_y + A_{sr} F_{yr} + \left(1 + 1.56 \frac{t F_y}{D_c f_{ck}}\right) 0.85 f_{ck} A_c$$

$$= 25,770 \times 355 + 1.5 \times 0.85 \times 24 \times 256,973$$

$$= 17,011,723 \text{N} = 17,011.7 \text{kN}$$

$$\text{여기서, } \left(1 + 1.56 \frac{t F_y}{D_c f_{ck}}\right) = 1 + 1.56 \times \frac{14 \times 355}{(600 - 2 \times 14) \times 24} = 1.565 > 1.5 \quad (1.5 \text{ 선택})$$

(4) 설계압축강도 산정

$$\frac{P_{no}}{P_e} = \frac{17,011.7}{80,280} = 0.21 < 2.25$$

$$P_n = \left[0.658^{\left(\frac{P_{no}}{P_e}\right)}\right] P_{no} = 17,011.7 [0.658^{0.21}] = 15,580.3 \text{kN}$$

$$\phi_c P_n = 0.75 \times 15,580.3 = 11,685.2 \text{kN}$$

QUESTION

05

C_1 기둥을 충전형 강관으로 설계하시오.(KBC 2016)(단, 횡변위 구속,
원형 강관 : $D \times t = 500 \times 10$(SM355A), $f_{ck} = 27\,\text{MPa}$, $E_s = 210,000$
MPa, $E_c = 8,500\sqrt[3]{f_{ck} + 4}$ MPa이다.)

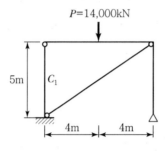

$P = 14,000\text{kN}$

5m

C_1

4m 4m

1. 재료 특성

① 강관 : $F_y = 355\,\text{MPa}$, $F_u = 490\,\text{MPa}$, $E_s = 210,000\,\text{MPa}$

② 콘크리트 : $f_{ck} = 27\,\text{MPa}$, $E_c = 26,702\,\text{MPa}$

2. 단면 특성

$$A_s = \frac{\pi}{4}\left(500^2 - 480^2\right) = 15,393\,\text{mm}^2$$

$$I_s = \frac{\pi}{64}\left(500^4 - 480^4\right) = 462 \times 10^6\,\text{mm}^4$$

$$A_c = \pi(500 - 2(10))^2/4 = 180,955\,\text{mm}^2$$

$$I_c = \pi(480)^4/64 = 2,606 \times 10^6\,\text{mm}^4$$

3. 구조제한 검토

(1) 강관의 단면적

$$\rho_s = \frac{A_s}{A_g} = \frac{15,393}{(15,393+180,955)} = 0.078 > 0.01 \quad \therefore \text{ OK}$$

(2) 원형 강관의 판폭두께비

$$D/t = 500/10 = 50 \leq 0.15 E_s/F_y = 0.15(210,000)/355 = 88.7 \quad \therefore \text{ OK}$$

4. 설계압축강도

(1) 세장효과를 고려하지 않은 압축강도(소성압축강도)

$$P_0 = A_s F_y + A_{sr} F_{yr} + \left(1 + 1.56 \frac{t F_y}{D_c f_{ck}}\right) 0.85 A_c f_{ck}$$

$$\left(1 + 1.56 \frac{10(355)}{(500-20)(27)}\right) = 1.43 < 1.5$$

$$P_0 = (15,393)(355) + 0 + 1.43(0.85)(180,955)(27) = 11,403 \times 10^3 \text{N} = 11,403 \text{kN}$$

(2) 합성단면의 유효강성

$$C_2 = 0.6 + 2\left(\frac{A_s}{A_c + A_s}\right) = 0.757 < 0.9$$

$$\begin{aligned}
EI_{eff} &= E_s I_s + E_s I_{sr} + C_2 E_c I_c \\
&= (210,000)(462 \times 10^6) + 0 + (0.757)(26,702)(2,606 \times 10^6) \\
&= 150 \times 10^{12} \text{N} \cdot \text{mm}^2
\end{aligned}$$

(3) 탄성좌굴하중

$$\begin{aligned}
P_e &= \pi^2 (EI_{eff})/(KL)^2 = \pi^2 (150 \times 10^{12})/(0.7 \times 5,000)^2 \\
&= 120,852.3 \times 10^3 \text{N} = 120,852 \text{kN}
\end{aligned}$$

(4) 공칭압축강도

$$0.44P_0 = 0.44(11,403) = 5,017\text{kN}$$

$$P_e \geq 0.44P_0 \text{이므로}$$

$$P_n = P_0\left[0.658^{\left(\frac{P_0}{P_e}\right)}\right] = 11,403\left[0.658^{\left(\frac{11,403}{120,852}\right)}\right] = 10,961\text{kN}$$

(5) 설계압축강도

$$\therefore \ \phi_c P_n = 0.75(10,961) = 8,221\text{kN} > 14000/2 = 7,000\text{kN} \qquad \therefore \ \text{OK}$$

CHAPTER

09 접합부설계

1. 접합부설계의 기본

(1) 존재응력설계법

계수하중에 의해 접합부에 발생하는 존재응력(휨모멘트, 전단력, 축력 등)을 소요강도로 설계하는 방법으로, 존재응력이 작은 곳에 접합부를 설치한다.

따라서 존재응력설계법으로 접합부를 설계하는 경우에는 존재응력과 다음의 전강도설계법에 의한 부재단면 설계강도의 50% 중 큰 값을 소요강도로 하여 설계한다.

(2) 전강도설계법

전강도설계법은 부재 유효단면의 설계강도를 소요강도로 하는 방법으로, 접합부가 접합되는 부재의 단면과 동등한 강도를 갖기 때문에 접합부의 안전성 및 부재의 연속성이 큰 것이 특징이다.

특히 전강도설계는 존재응력에 무관하게 설계되기 때문에 비경제적일 수 있으나, 강도적인 면이나 강성적인 면에서 확실한 접합부를 얻을 수 있다. 따라서 부재의 전강도가 필요한 내진설계나 구조상의 주요한 부분의 접합부는 부재의 설계강도를 소요강도로 하는 것이 바람직하다.

다만, 고장력볼트 등으로 접합하는 경우에는 모재에 구멍이 뚫리기 때문에 이 고장력볼트 구멍을 공제한 유효단면의 설계강도를 소요강도로 한다.

2. 접합부의 설계강도 및 강도저항계수

$$R_u \leq \phi R_n \quad \cdots\cdots\cdots\cdots\cdots\cdots\cdots\cdots\cdots\cdots\cdots\cdots\cdots\cdots\cdots\cdots\cdots\cdots\cdots \quad (9.1)$$

여기서, ϕ : 강도저항계수

R_n : 접합부의 공칭강도

R_u : 접합부의 소요강도

3. 이음설계

(1) 보이음

1) 설계방법

이음부의 설계법에는 비경제적이지만 부재설계강도($\phi_b M_n$, $\phi_v V_n$)를 소요강도로 설계하는 전강도설계법과, 이음부의 계수하중에 의한 존재응력(M_u, V_u)과 부재설계강도의 50% 중 큰 값으로 설계하는 존재응력설계법이 있다. 이 장에서는 보 이음부의 존재응력설계법에 대하여만 기술하며, 보는 H형강 단면으로 한정한다.

① 보 이음부의 내력

보 이음부의 내력은 이음부의 계수하중에 의한 존재응력(M_u, V_u) 이상이며, 또한 부재설계강도의 50% 이상으로 설계하여야 한다. 여기서 보의 설계강도는 다음과 같다.

$$\phi_b M_n = \phi_b M_p = 0.9 Z F_y \quad\text{(9.2)}$$

$$\phi_v V_n = \phi_v (0.6 F_y) A_w \quad\text{(9.3)}$$

여기서, M_n : 보의 공칭모멘트(N · mm)　　M_p : 소성모멘트(N · mm)

　　　　Z : 소성단면계수(mm³)　　　　　　V_n : 보의 공칭전단강도(N)

　　　　A_w : 웨브 단면적(mm²)　　　　　　ϕ_b : 휨강도저항계수(＝0.9)

　　　　ϕ_v : 전단강도저항계수(＝0.9)

　　　　(다만, $h/t_w \leq 2.24\sqrt{\dfrac{E}{F_y}}$ 인 압연 H형강의 웨브는 $\phi_v = 1.0$)

② 플랜지 이음부 소요인장강도

플랜지 이음부의 설계에 필요한 플랜지 이음판의 소요인장강도 T_u는 이음부에서 계수하중에 의한 휨모멘트 M_u와 보 설계강도 $\phi_b M_n$의 50% 중 큰 값을 모멘트 팔길이로 나눈 값을 이용한다. 따라서 플랜지 이음판의 소요인장강도는 다음 값 중 큰 값으로 한다. 여기서, 모멘트 팔길이는 플랜지 중심 간 거리이다.

$$T_u = \frac{M_u}{d - t_f} \quad\text{(9.4a)}$$

$$T_u = \frac{\phi_b M_n / 2}{d - t_f} \quad\text{(9.4b)}$$

여기서, d : 보의 춤(mm)　　　　　　　t_f : 플랜지의 두께(mm)

③ 웨브 이음부 소요전단강도

웨브 이음판의 소요전단강도 V_{wu} 는 이음부에서 계수하중에 의한 전단력 V_u 와
부재 설계전단강도 $\phi_v V_n$ 의 50% 중 큰 값을 이용한다. 따라서 웨브 이음판의 소
요전단강도는 다음 값 중 큰 값으로 한다.

$$V_{wu} = V_u \quad\text{...} \text{(9.5a)}$$

$$V_{wu} = \phi_v V_n / 2 \quad\text{...} \text{(9.5b)}$$

2) 고장력볼트 접합에 의한 보의 이음

① 플랜지 이음판의 소요 총단면적과 순단면적

플랜지 이음판의 소요 총단면적 A_{gt} 는 항복강도를 이용하여 식 (9.6)과 같이 구
하고, 순단면적 A_{nt} 는 인장강도를 이용하여 식 (9.7)과 같이 구한다.

$$A_{gt} \geq \frac{T_u}{\phi F_y} \ (\phi = 0.9) \quad\text{...} \text{(9.6)}$$

$$A_{nt} \geq \frac{T_u}{\phi F_u} \ (\phi = 0.75) \quad\text{...} \text{(9.7)}$$

또한, 플랜지의 이음판은 인장재에 해당하므로 블록전단파단에 대한 안전성도
검토하여야 한다.

② 플랜지 이음판의 고장력볼트 개수

플랜지 이음판의 인장력에 대한 고장력볼트 개수 N_b 는 다음과 같이 구한다.

$$N_b \geq \frac{T_u}{\phi R_n} \quad\text{..} \text{(9.8)}$$

여기서, ϕR_n : 고장력볼트의 설계강도

③ 웨브 이음판의 소요 총단면적과 순단면적

웨브 이음판의 소요 총단면적 A_{gv} 는 항복강도를 이용하여 식 (9.9)와 같이 구하
고, 순단면적 A_{nv} 는 인장강도를 이용하여 식 (9.10)과 같이 구한다.

$$A_{gv} \geq \frac{V_{wu}}{\phi(0.6 F_y)} \ (\phi = 1.0) \quad\text{.......................................} \text{(9.9)}$$

$$A_{nv} \geq \frac{V_{wu}}{\phi\left(0.6F_u\right)} \left(\phi = 0.75\right) \quad \cdots\cdots\cdots\cdots\cdots\cdots\cdots\cdots\cdots\cdots\cdots\cdots\cdots\cdots \quad (9.10)$$

④ 웨브 이음판의 고장력볼트 개수

전단력에 대한 고장력볼트 개수 N_b는 다음과 같다.

$$N_b \geq \frac{V_{wu}}{\phi R_n} \quad \cdots\cdots\cdots\cdots\cdots\cdots\cdots\cdots\cdots\cdots\cdots\cdots\cdots\cdots\cdots\cdots\cdots\cdots\cdots\cdots \quad (9.11)$$

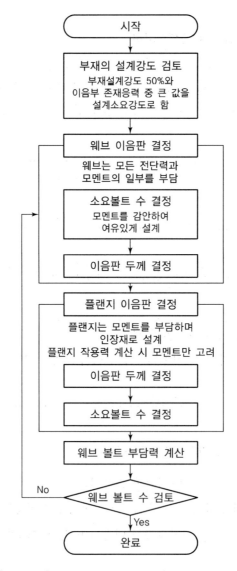

[그림 9.1] 보 이음의 설계흐름도(존재응력설계법)

(2) 기둥이음

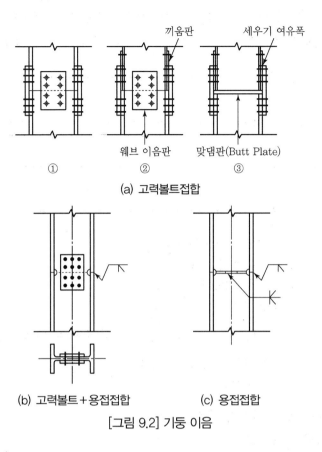

[그림 9.2] 기둥 이음

1) 설계방법

기둥이 인장력을 받을 경우 이음판이 모든 하중을 부담하게 되나, 압축력을 받을 경우 하중의 많은 부분이 기둥으로 직접 전달된다. 기둥 이음부에 인장응력이 발생하지 않고 이음부의 면을 페이싱 머신(Facing Machine) 또는 로터리 플레이너(Rotary Planer) 등의 절삭가공기를 사용하여 마감하고 충분히 밀착시키는 이음(Metal Touch)인 경우에는 밀착면으로 계수하중에 의한 압축강도 및 휨강도의 1/2이 전달된다고 가정할 수 있다. 따라서 계수하중에 의한 압축강도 및 휨강도의 1/2을 소요강도로 가정하여 설계할 수 있다.

기둥 접합부에서 하중의 형태에 따라 이음판의 고장력볼트 배치 및 개수를 결정하고, 압축력 외에 다음 식에 의한 계수하중으로 발생할 수 있는 인장력을 부담하여야 한다.

$$0.9D \pm (1.3W \text{ 또는 } 1.0E) \quad \cdots\cdots\cdots\cdots\cdots\cdots (9.12)$$

① 기둥 이음부의 내력

기둥 이음부의 내력은 이음부의 계수하중에 의한 소요강도(M_u, V_u, P_u)와 부재 설계강도의 50% 이상으로 설계하여야 한다. 여기서 부재설계강도는 다음과 같다.

$$\phi_b M_n = \phi_b Z F_y \quad \cdots\cdots\cdots\cdots\cdots\cdots\cdots\cdots\cdots\cdots\cdots\cdots \text{(9.13)}$$

$$\phi_v V_n = \phi_v A_w (0.6 F_y) \quad \cdots\cdots\cdots\cdots\cdots\cdots\cdots\cdots\cdots \text{(9.14)}$$

$$\phi_t P_n = \phi_t A_g F_y \quad \cdots\cdots\cdots\cdots\cdots\cdots\cdots\cdots\cdots\cdots\cdots\cdots \text{(9.15)}$$

$$\phi_c P_n = \phi_c A_g F_y \quad \cdots\cdots\cdots\cdots\cdots\cdots\cdots\cdots\cdots\cdots\cdots\cdots \text{(9.16)}$$

여기서, A_w : 웨브의 단면적(mm^2)

A_g : 기둥의 단면적(mm^2)

ϕ_b : 휨강도저항계수($=0.9$)

ϕ_v : 전단강도저항계수($=0.9$)

(다만, $h/t_w \leq 2.24\sqrt{\dfrac{E}{F_y}}$ 인 압연 H형강의 웨브는 $\phi_v = 1.0$)

ϕ_t : 인장강도저항계수($=0.9$)

ϕ_c : 압축강도저항계수($=0.9$)

② 압축력을 받는 플랜지 이음판 설계

• 이음판의 소요압축강도

압축력이 발생하는 플랜지의 이음판은 압축재로 설계한다. 인장력을 받는 경우 와 동일하게 소요압축강도(P_{fu})를 다음 값 중 큰 값으로 한다.

$$P_{fu} = P_{cu}\frac{A_f}{A_g} + \frac{M_u}{d - t_f} \quad \cdots\cdots\cdots\cdots\cdots\cdots\cdots\cdots\cdots \text{(9.17a)}$$

$$P_{fu} = \frac{\phi_c P_n}{2}\frac{A_f}{A_g} + \frac{\phi_b M_n / 2}{d - t_f}$$

$$= \frac{1}{2}\phi_c F_y A_f + \frac{\phi_b M_n / 2}{d - t_f} \leq \phi_c F_y A_f \quad \cdots\cdots\cdots\cdots \text{(9.17b)}$$

• 이음판의 압축력에 대한 안전성 검토

플랜지 이음판의 총단면적은 다음을 만족하여야 한다.

$$A_{gc} \geq \frac{P_{fu}}{\phi_c F_y}(\phi_c = 0.9) \quad \cdots\cdots\cdots\cdots\cdots\cdots\cdots\cdots\cdots\cdots \text{(9.18)}$$

③ 인장력을 받는 플랜지 이음판 소요인장강도

• 이음판의 소요인장강도

인장력이 발생하는 플랜지의 이음판은 인장재로 설계한다. 플랜지 이음부의 설계에 요구되는 인장강도(T_u)는 계수하중에 의한 소요강도(존재응력)와 플랜지 설계인장강도의 50% 이상으로 설계한다.

따라서 소요인장강도는 다음 값 중 큰 값으로 한다. 여기서, 동일한 단면의 외첨판과 내첨판을 모두 사용하는 경우로, 모멘트 팔길이는 플랜지 중심 간 거리다.

$$T_u = P_{tu} \frac{A_f}{A_g} + \frac{M_u}{d - t_f} \quad \text{(9.19a)}$$

$$T_u = \frac{\phi_t P_n}{2} \frac{A_f}{A_g} + \frac{\phi_b M_n / 2}{d - t_f} = \frac{1}{2} \phi_t F_y A_f + \frac{\phi_b M_n / 2}{d - t_f} \leq \phi_t F_y A_f \quad \text{(9.19b)}$$

• 이음판의 인장력에 대한 안전성 검토

플랜지 이음판의 총단면적 및 순단면적은 다음을 만족하여야 한다.

$$A_{gt} \geq \frac{T_u}{\phi F_y} (\phi = 0.9) \quad \text{(9.20a)}$$

$$A_{nt} \geq \frac{T_u}{\phi_t F_u} (\phi_t = 0.75) \quad \text{(9.20b)}$$

④ 축력에 대한 웨브 이음판 설계

• 웨브 이음판의 소요인장강도 또는 소요압축강도

소요인장강도는 다음 값 중 큰 값으로 한다.

$$T_{wu} = P_{tu} \frac{A_w}{A_g} = P_{tu} \left(1 - \frac{2A_f}{A_g} \right) \quad \text{(9.21a)}$$

$$T_{wu} = \frac{\phi_t P_n}{2} \frac{A_w}{A_g} = \frac{1}{2} \phi_t F_y A_w = \frac{1}{2} \phi_t F_y (A_g - 2A_f) \quad \text{(9.21b)}$$

소요압축강도는 다음 값 중 큰 값으로 한다.

$$P_{wu} = P_{cu} \frac{A_w}{A_g} = P_{cu} \left(1 - \frac{2A_f}{A_g} \right) \quad \text{(9.22a)}$$

$$P_{wu} = \frac{\phi_c P_n}{2} \frac{A_w}{A_g} = \frac{1}{2} \phi_c F_y A_w = \frac{1}{2} \phi_c F_y (A_g - 2A_f) \quad \text{(9.22b)}$$

⑤ 전단력에 대한 웨브 이음판 설계

• 이음판의 소요전단강도

웨브 이음부의 소요전단강도는 다음과 같다.

$$V_{wu} = \max(V_u, \phi_v V_n/2)$$

• 이음판의 전단력에 대한 안전성 검토

웨브 이음판의 총단면적 A_{gv}과 순단면적 A_{nv}는 다음을 만족하여야 한다.

$$A_{gv} \geq \frac{V_{wu}}{\phi(0.6F_y)} (\phi = 1.0) \quad\text{..}\quad (9.23a)$$

$$A_{nv} \geq \frac{V_{wu}}{\phi(0.6F_u)} (\phi = 0.75) \quad\text{...}\quad (9.23b)$$

2) 고장력볼트 접합에 의한 기둥의 이음

① 플랜지 고장력볼트설계

이에 대한 플랜지 이음판의 고장력볼트 개수는 다음을 만족하여야 한다.

$$N_b \geq \frac{\max(T_{fu}, P_{fu})}{\phi R_n} \quad\text{..}\quad (9.24)$$

여기서, ϕR_n : 고장력볼트 1개의 설계전단강도

② 웨브 고장력볼트설계

웨브 이음판은 전단력을 모두 부담해야 하고 축방향력의 일부를 부담한다. 고장력볼트의 소요전단강도는 실제 작용하는 전단력과 축방향력 일부의 조합력 이상이어야 한다. 따라서 고장력볼트 개수 N_b은 다음을 만족하여야 한다.

$$N_b \geq \frac{\sqrt{(V_u)^2 + (T_u A_w/A_g \text{ 또는 } P_u A_w/A_g)^2}}{\phi R_n} \quad\text{..............................}\quad (9.25a)$$

$$N_b \geq \frac{V_{wu}}{\phi R_n} \quad\text{..}\quad (9.25b)$$

$$N_b \geq \frac{P_{wu} \text{ 또는 } T_{wu}}{\phi R_n} \quad\text{..}\quad (9.25c)$$

4. 접합부 설계

(1) 큰보와 작은보의 접합

작은보를 단순보로 취급하는 경우에는 큰보와 작은보의 접합을 전단접합으로 설계하여 작은보로부터 전단력만을 큰보로 전달하도록 설계한다.

작은보를 연속보로 취급하는 접합은 큰보와 작은보의 접합을 강접합에 가깝게 구성하여 작은보로부터 전단력을 큰보에 전달하고 휨모멘트는 큰보 양측의 작은보로 전달될 수 있도록 설계하는 방법이다. 위와 같은 접합방법을 이용할 때에는 큰보와 작은보가 겹치는 부분의 플랜지에 대해 2방향의 조합응력에 대한 검토가 필요하다.

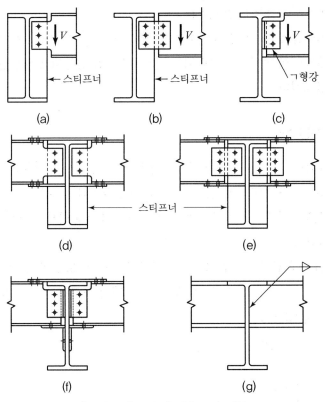

[그림 9.3] 큰보와 작은보의 접합

① 웨브의 이음고장력볼트

웨브에 사용한 고장력볼트의 개수(n)는 전단하중만을 지지하는 단순접합부로 가정하여 다음 식을 이용하여 산정한다.

$$n = \frac{V_u}{\phi R_n} \quad \text{...} \quad (9.26)$$

여기서, V_u : 소요전단강도(N), ϕR_n : 고장력볼트 1개의 설계전단강도(N)

② 웨브 이음판의 설계강도

- 이음판의 설계전단항복강도

$$\phi R_n = 1.0(0.6F_y)A_{gv}$$ ······························· (9.27)

여기서, A_{gv} : 전단저항 총단면적(mm²)

- 이음판의 설계전단파단강도

$$\phi R_n = 0.75(0.6F_u)A_{nv}$$ ······························· (9.28)

여기서, A_{nv} : 전단저항 순단면적(mm²)

- 이음판의 설계블록전단파단강도

이음판의 블록전단은 접합부의 인장응력 저항면과 전단응력 저항면이 고장력볼트 구멍 주변에서 형성되어 파단되는 것으로 제4장 인장재에 제시된 식 (4.2)를 적용하여 검토한다.

(2) 패널존의 전단보강

패널존은 강접합의 기둥−보 접합부에 기둥과 보로 둘러싸인 부분으로 [그림 9.4]에서 빗금 친 부분에 해당한다. 패널존에 수평하중이 작용하는 경우는 상하 기둥의 단부와 좌우 보의 단부로부터 커다란 전단력과 휨모멘트가 작용하므로 패널존에 복잡한 응력 분포가 나타난다.

이 경우 패널존의 전단항복에 의한 과도한 전단 변형으로 골조 전체의 안전에 큰 영향을 미칠 수 있다. 그러므로 패널존의 판 두께에 대한 충분한 검토를 통하여 전단강도와 강성을 높일 필요가 있다.

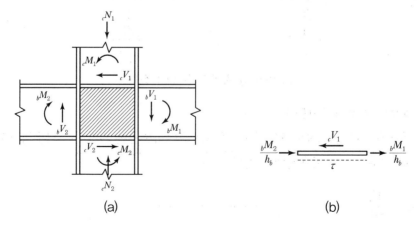

(a)   (b)

[그림 9.4] 패널존

골조안정에 대한 패널존 변형의 영향이 고려되지 않은 경우, 전단력과 압축력을 받는
패널존의 공칭전단강도를 R_v라 하면, 설계전단강도 $\phi_l R_v$은 다음 식에 따라 산정한다.

① $P_u \leq 0.4 P_y$인 경우

$$\phi_l R_v = \phi_l 0.6 F_{yw} d_c t_w, \ (\phi_l = 0.90)$$

② $P_u > 0.4 P_y$인 경우

$$\phi_l R_v = \phi_l 0.6 F_{yw} d_c t_w \left(1.4 - \frac{P_u}{P_y} \right), \ (\phi_l = 0.90)$$

여기서, R_v : 기둥 웨브의 공칭전단강도(N)　P_u : 소요압축강도(N)

P_y : 부재의 항복내력($= F_y A$)(N)　F_{yw} : 기둥 웨브의 항복강도(N/mm²)

t_w : 기둥웨브의 두께(mm)　d_c : 기둥의 춤(mm)

d_b : 보 부재의 전체 춤(mm)

패널존의 두께(t)가 부족한 경우에는 [그림 9.5]와 같이 접합부의 패널존을 2중플레
이트(Double Plate) 또는 1쌍의 대각스티프너로 보강한다. 2중플레이트의 용접방
법으로는 기둥 필릿까지 용접하는 것이 가장 효과적이다.

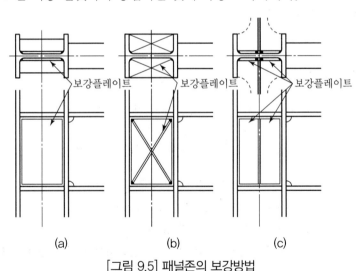

[그림 9.5] 패널존의 보강방법

5. 주각부 설계

(1) 주각의 개요

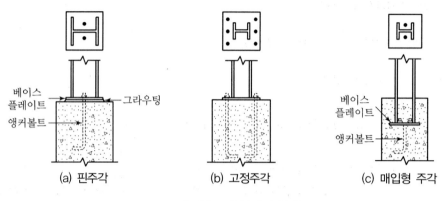

[그림 9.6] 주각의 형태

(2) 주각부 설계

1) 주각부 및 콘크리트 지압

주각설계에 있어서 기초콘크리트에 대한 설계지압강도 $\phi_c P_p$는 베이스 플레이트의 지지형식에 따라 다음과 같이 산정한다.

① 콘크리트 총단면이 지압을 받는 경우

$$\phi_c P_p = \phi_c 0.85 f_{ck} A_1 \quad\text{.. (9.29)}$$

② 콘크리트 단면의 일부분이 지압을 받는 경우

$$\phi_c P_p = \phi_c 0.85 f_{ck} A_1 \sqrt{A_2/A_1} \leq \phi_c 1.7 f_{ck} A_1 \quad\text{.. (9.30)}$$

여기서, $\phi_c = 0.65$(단, 무근콘크리트일 경우 $\phi_c = 0.55$)

f_{ck} : 콘크리트의 설계기준강도(N/mm^2)

A_1 : 베이스 플레이트의 면적(mm^2)

A_2 : 베이스 플레이트와 닮은꼴인 콘크리트 지지 부분의 최대면적(mm^2)

(단, $\sqrt{A_2/A_1} \leq 2$)

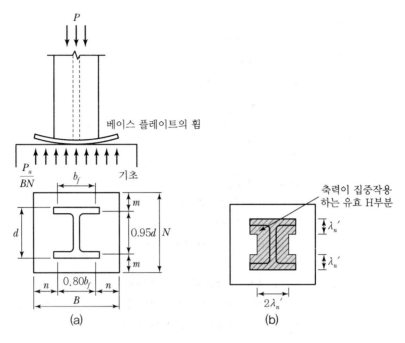

[그림 9.7] 베이스 플레이트의 지압면적

식 (9.30)은 베이스 플레이트 직하면의 콘크리트만으로는 부족한 경우 설계강도를 $0.85f_{ck}A_1$에 $\sqrt{A_2/A_1}$ 배 할 수 있도록 허용한 것이다. 여기서 A_1은 가상적인 것으로 [그림 9.7]의 기둥 단면의 춤과 플랜지 폭을 곱한 것이다. 즉, $A_1 = b_f d$로 계산하고 최종적으로 A_1은 [그림 9.7]에서와 같이 B, N을 조금씩 늘려가면서 다음과 같이 조정한다.

[그림 9.7]에서 m, n은 동일한 길이로 두고 생각하므로

$$N = \sqrt{A_1} + \Delta \quad\text{(9.31)}$$

여기서, A_1 : 식 (9.29) 및 식 (9.30)으로부터 구한 소요 베이스 플레이트의 면적
$\quad\quad (= BN\text{mm}^2)$
$\quad\quad \Delta = 0.5(0.95d - 0.80b_f)(\text{mm})$
$\quad\quad B = A_1/N(\text{mm})$

2) 베이스 플레이트의 소요판 두께

베이스 플레이트는 [그림 9.7]과 같이 길이 m, n의 캔틸레버로서 모멘트에 저항해야 한다. 강재 기둥의 베이스 플레이트 두께 t_{bp}는 다음 식으로 산정한다.

$$t_{bp} = l\sqrt{\frac{2P_u}{0.9F_y BN}} \quad\text{(9.32)}$$

여기서, $l = \max[m, n, \lambda_n']$

$m = (N - 0.95d)/2$

$n = (B - 0.8b_f)/2$

$\lambda_n' = \lambda \sqrt{db_f}/4$

$\lambda = \dfrac{2\sqrt{X}}{1 + \sqrt{1-X}} \leq 1$

$X = \dfrac{4db_f P_u}{(d+b_f)^2 \phi_c P_p}$

d : 기둥 춤(mm)

b_f : 기둥플랜지의 폭(mm)

B : 베이스 플레이트 폭(mm)

N : 베이스 플레이트 높이(mm)

P : 소요축력(N)

m, n : 베이스 플레이트 돌출길이(mm)

λ_n' : 축력이 작용하는 유효 H형강 단면의 돌출길이(mm)

F_y : 베이스 플레이트의 항복강도(N/mm^2)

01

그림과 같이 압연 H형강보 H−600×300×12×20(SM275)의 이음부를 존재응력설계법으로 설계하는 경우, 플랜지 이음판에 대해 검토하시오. 이음부의 계수하중에 의한 휨모멘트 $M_u = 350\text{kN} \cdot \text{m}$, 전단력 $V_u = 300\text{kN}$이다. 고장력볼트는 M22(F10T, 표준구멍)를 사용하며 마찰접합으로 설계한다. 마찰면은 블라스트 후 페인트하지 않았고, 필러를 사용하지 않았다.

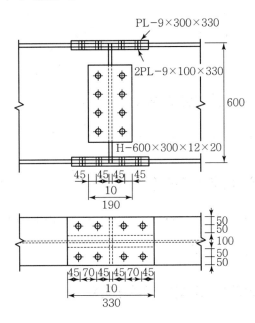

1. 플랜지 이음판의 소요인장강도

플랜지 이음판은 인장재로 설계한다.

플랜지 두께가 16mm를 초과하므로 $F_y = 265\text{N}/\text{mm}^2$이다.

$$T_u = \frac{M_{us}}{d - t_f} = \frac{350 \times 10^3}{(600 - 20)} = 603.4\text{kN}$$

$$T_u = \frac{\phi_b M_n / 2}{d - t_f} = \frac{\phi_b Z_x F_y / 2}{d - t_f}$$

$$= \left(\frac{0.9(4.49 \times 10^6 \times 265)/2 \times 10^{-3}}{(600 - 20)} \right) = 923\text{kN}$$

$$\therefore \ T_u = (603.4, \ 923)_{\max} = 923\text{kN}$$

2. 마찰접합에 의한 설계미끄럼강도(2면전단) 및 안전성 검토

$$\phi R_n = \phi \mu h_f T_o N_s = 1.0 \times 0.5 \times 1.0 \times 200 \times 2 = 200\text{kN}/볼트$$

$$\therefore \ 고장력볼트 \ 4개에 \ 대한 \ 설계미끄럼강도 : 200 \times 4 = 800\text{kN}$$

$$\phi R_n = 800\text{kN} < T_u = 923\text{kN} \qquad \therefore \ \text{NG}$$

3. 플랜지 이음판의 안전성 검토

외부 이음판 1장의 폭은 300mm, 내부 이음판 2장의 폭은 각각 100mm이다.

(1) 총단면의 인장항복에 대한 안전성 검토

$$\phi R_n = \phi A_{gt} F_y = 0.9 \times [(300 + 2 \times 100) \times 9] \times 275 \times 10^{-3}$$
$$= 1,113.8\text{kN} > T_u = 923\text{kN} \qquad \therefore \ \text{OK}$$

(2) 순단면의 인장파단에 대한 안전성 검토

$$\phi R_n = \phi_c A_{nt} F_u = 0.75 \times [(300 + 2 \times 100 - 4 \times 24) \times 9] \times 410 \times 10^{-3}$$
$$= 1,118.1\text{kN} > T_u = 923\text{kN} \qquad \therefore \ \text{OK}$$
$$\therefore \ 안전하지 \ 않음$$

02

그림과 같이 압연 H형강보 H−400×400×13×21을 사용한 기둥의 이음부를 소요강도에 따른 미끄럼이 일어나지 않도록 마찰접합으로 설계하는 경우 플랜지 이음판에 대해 검토하시오. 이음부의 계수하중에 의한 소요강도는 $M_u = 200\mathrm{kN \cdot m}$, $V_u = 250\mathrm{kN}$, $P_u = 3{,}000\mathrm{kN}$이고, 강재는 SM355이며, 고장력볼트는 M20(F10T, 표준구멍)이다. 또한 이음부 단부의 면을 절삭마감하여 밀착되는 경우로 하며, 계수하중에 의한 소요강도의 1/2은 접촉면에 의해 직접 응력이 전달되는 것(메탈터치 50%)으로 설계한다.

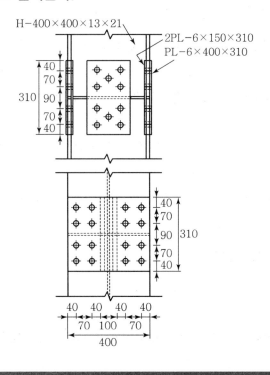

1. 플랜지 이음판의 소요압축강도(메탈터치 적용)

(1) 존재응력 : 플랜지 이음부의 계수하중에 의한 소요강도

$$P_u = P_{fu} = P_{cu}\frac{A_f}{A_g} + \frac{M_u}{d - t_f}$$

$$= 3{,}000 \times \frac{400 \times 21}{21{,}870} + \frac{200 \times 10^3}{400 - 21} = 1{,}152 + 528 = 1{,}680\mathrm{kN}$$

(2) 부재 설계강도 50%

$$\phi_b M_n = 0.9 Z F_y = 0.9 \times 3.67 \times 10^6 \times 345 \times 10^{-6} = 1,140 \text{kN} \cdot \text{m}$$

$$P_u = P_{fu} = \frac{\phi_c P_n}{2} \frac{A_f}{A_g} + \frac{\phi_b M_n / 2}{d - t_f}$$

$$= \frac{1}{2} \phi_c F_y A_f + \frac{\phi_b M_n / 2}{d - t_f} \le \phi_c F_y A_f$$

$$= \frac{1}{2} \times 0.9 \times 345 \times (400 \times 21) \times 10^{-3} + \frac{(1,140 \times 10^3)/2}{400 - 21}$$

$$= 1,304 + 1,504 = 2,808 \text{kN} \le \phi_c F_y A_f = 1,304 \times 2 = 2,608 \text{kN}$$

(3) 소요압축강도

소요압축강도는 존재응력과 부재설계강도의 50% 중 큰 값으로 한다.

이음부 소요압축강도 $P_u = (1,680,\ 2,608)_{\max} = 2,608 \text{kN}$

또한, 메탈터치이므로 산정한 값의 1/2을 이음부의 소요압축강도로 가정하여 설계할 수 있다.

이 경우는 부재설계강도의 50%가 존재응력의 1/2보다 크므로,

$P_u = 2,608/2 = 1,304 \text{kN}$

따라서 메탈터치를 고려한 소요압축강도 $P_u = 1,304 \text{kN}$ 으로 한다.

2. 플랜지 이음판 설계

외부 이음판 1장의 폭은 400mm, 내부 이음판 2장의 폭은 각각 150mm이다.

(1) 마찰접합에 의한 고장력볼트의 설계미끄럼강도(2면전단) 및 안전성 검토

$$\phi R_n = \phi \mu h_f T_o N_s = 1.0 \times 0.5 \times 1.0 \times 165 \times 2 = 165 \text{kN}/볼트$$

∴ 고장력볼트 8개에 대한 설계미끄럼강도 $= 165 \times 8 = 1,320 \text{kN}$

$\phi R_n = 1,320 \text{kN} > P_u = 1,304 \text{kN}$ ∴ OK

(2) 플랜지 이음판의 압축항복에 대한 안전성 검토

$$\phi R_n = \phi_c A_{gc} F_y = 0.9 \times [(400 + 2 \times 150) \times 6] \times 355 \times 10^{-3}$$

$$= 1,341 \text{kN} > P_u = 1,304 \text{kN} \quad \therefore \text{ OK}$$

∴ 안전함

QUESTION

03

계수하중에 의한 부재력 $M_u = 450 \text{kN} \cdot \text{m}$, $V_u = 200 \text{kN}$을 받는 강 접합부에 대해서 안전성을 검토하시오. (단, 기둥 부재는 H-400×400×13×21(SM355, $r = 22\text{mm}$), 보 부재는 H-600×300×12×20(SM275), 고장력볼트는 M20(F10T, 표준구멍, $T_o = 165$)을 사용하고, H형강 기둥과 보 플랜지는 맞댐용접으로 한다.)

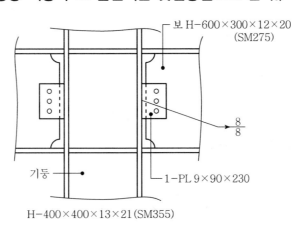

보 H-600×300×12×20 (SM275)

기둥

1-PL 9×90×230

H-400×400×13×21(SM355)

1. 보 플랜지의 용접설계

휨모멘트에 의한 보 플랜지의 인장력

$$P_{uf} = \frac{M}{d - t_f} = \frac{450 \times 10^3}{600 - 20} = 792\,kN$$

보 플랜지의 항복인장강도

$$\phi P_{yf} = \phi A_f F_{by} = 0.9 \times 300 \times 20 \times 265 \times 10^{-3} = 1,431\text{kN}$$

$P_{uf} < \phi P_{yf}$이므로 휨모멘트는 보 플랜지가 지지하는 것으로 하며, 완전한 용입 맞댐용접을 한다.

2. 웨브 볼트 설계

전단력만 지지하는 것으로 가정한다.

미끄럼 강도에 의한 볼트개수 산정 (M20(F10T)을 사용)

$$\phi R_n = \phi \mu h_{sc} T_o N_s n$$
$$= 1.0 \times 0.5 \times 1.0 \times 165 \times 1 \times 3 = 247.5 \, \text{kN}$$
$$\phi R_n = 247.5 \, \text{kN} > V_u = 200 \, \text{kN} \quad \therefore \; \text{OK}$$

3. 웨브 플레이트 설계

$PL - 9 \times 90 \times 230 (\text{SM} \, 355)$사용을 가정한다.

(1) 총단면의 전단항복강도

$$\phi V_n = 1.0 \times (0.6 F_y A_g)$$
$$= 1.0 \times 0.6 \times 355 \times (230 \times 9) \times 10^{-3} = 396.8 \text{kN} > 200 \text{kN} \quad \therefore \; \text{OK}$$

(2) 순단면의 전단파단강도

$$\phi V_n = 0.75 \times (0.6 F_u A_n)$$
$$= 0.75 \times 0.6 \times 490 \times (230 - 3 \times 22) \times 9 \times 10^{-3} = 325.5 \text{kN} > 200 \text{kN} \quad \therefore \; \text{OK}$$

4. 기둥 플랜지에 플레이트 용접

필릿 사이즈 $s = 8.0 \, \text{mm}$ 인 양면 필릿용접으로 설계한다.

유효 용접길이

$l_e = 230 - 2 \times 8 = 214 \, \text{mm}$

유효면적

$A_w = l_e(2a) = 214 \times (2 \times 0.7 \times 8) = 2397 \, \text{mm}^2$

플레이트 용접부의 검토 : $F_{cw} = 490 \, \text{kN/mm}^2$ (SM490)

$$\phi F_w A_w = 0.75(0.6 F_{uw}) A_w$$
$$= 0.75 \times 0.6 \times 490 \times 2397 \times 10^{-3}$$
$$= 528.5 \, \text{kN} > 200 \text{kN} \quad \therefore \; \text{OK}$$

04

다음 그림과 같이 2L−175×175×12에 고장력볼트가 마찰접합된 큰 보와 작은 보 H−450×200×8×12(SM275)에 소요전단력 $V_u =$ 250kN이 작용하고 있을 때, 다음의 접합부를 검토하시오. 고장력볼트 M22(F10T)를 사용하고, 고장력볼트 설계볼트장력 $T_0 = 200$kN이다. 표준구멍을 사용하고, ㄱ형강 접합부재는 안전하다고 가정한다.

> 1) 고장력볼트의 설계미끄럼강도
> 2) 보 웨브의 설계전단항복강도
> 3) 보 웨브의 설계전단파단강도
> 4) 보 웨브의 설계블록전단파단강도

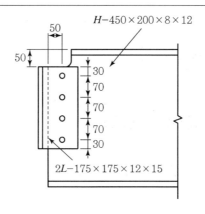

1. M22(F10T) 고장력볼트 1개의 설계미끄럼강도(2면전단)

$$\phi R_n = \phi \mu h_f T_o N_s = 1.0 \times 0.5 \times 1.0 \times 200 \times 2 = 200\text{kN}$$

고장력볼트 4개의 설계미끄럼강도

$$4 \times 200 = 800\text{kN} > V_u = 250\text{kN} \qquad \therefore \text{ OK}$$

2. 보 웨브의 설계전단항복강도

$$\phi R_n = \phi(0.6F_y)A_{gv}$$

$$= 1.0 \times (0.6 \times 275) \times (450 - 50) \times 8 \times 10^{-3}$$

$$= 528\text{kN} > 250\text{kN} \quad \therefore \text{ OK}$$

3. 보 웨브의 설계전단파단강도

$$\phi R_n = \phi(0.6F_u)A_{nv}$$

$$= 0.75 \times (0.6 \times 410) \times (450 - 50 - 4 \times 24) \times 8 \times 10^{-3}$$

$$= 448.7\text{kN} > 250\text{kN} \quad \therefore \text{ OK}$$

4. 보 웨브의 설계블록전단파단강도

$$A_{gv} = (30 + 3 \times 70) \times 8 = 1{,}920\text{mm}^2$$

$$A_{nv} = (30 + 3 \times 70 - 3.5 \times 24) \times 8 = 1{,}248\text{mm}^2$$

$$A_{gt} = 50 \times 8 = 400\text{mm}^2$$

$$A_{nt} = (50 - 0.5 \times 24) \times 8 = 304\text{mm}^2$$

$$U_{bs} = 1.0(\text{인장응력이 일정})$$

$$F_u A_{nt} = 410 \times 304 \times 10^{-3} = 124.6\text{kN}$$

$$0.6F_u A_{nv} = 0.6 \times 410 \times 1{,}248 \times 10^{-3} = 307.0\text{kN}$$

$$0.6F_u A_{gv} = 0.6 \times 275 \times 1{,}920 \times 10^{-3} = 316.8\text{kN}$$

식 (4.2)에서

$$R_n = 0.6 F_u A_{nv} + U_{bs} F_u A_{nt} \leq 0.6 F_y A_{gv} + U_{bs} F_u A_{nt}$$

$$R_n = (307.0 + 1.0 \times 124.6) = 431.6 \text{kN} > (316.8 + 1.0 \times 124.6) = 441.4 \text{kN}$$

$$R_n = 431.6 \text{kN}$$

$$\phi R_n = 0.75 \times 431.6 = 323.7 \text{kN} > 250 \text{kN} \qquad \therefore \text{ OK}$$

QUESTION

05

다음 그림과 같이 두께 8mm 웨브 이음판에 고장력볼트가 마찰접합된 큰 보 H−446×199×8×12(SM400)와 작은 보 H−400×200×8×13(SM275)에 소요전단력 V_u＝200kN이 작용하고 있을 때, 다음의 접합부를 검토하시오. 고장력볼트 M22(F10T)를 사용하고, 고장력볼트 설계볼트장력 T_0＝200kN이다. 표준구멍을 사용한다.

1) 고장력볼트의 설계미끄럼강도
2) 보 웨브의 설계전단항복강도
3) 보 웨브의 설계전단파단강도
4) 보 웨브의 설계블록전단파단강도
5) 웨브 이음판의 설계전단파단강도
6) 웨브 이음판의 설계전단항복강도

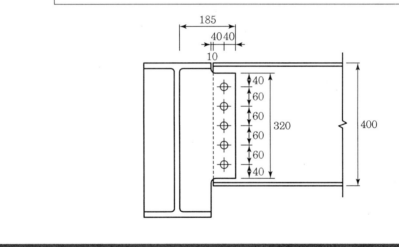

1. M22(F10T) 고장력볼트 1개의 설계미끄럼강도(1면전단)

$$\phi R_n = \phi \mu h_f T_o N_s = 1.0 \times 0.5 \times 1.0 \times 200 \times 1 = 100\,\mathrm{kN}$$

고장력볼트 5개의 설계미끄럼강도

$$5 \times 100 = 500\,\mathrm{kN} > V_u = 200\,\mathrm{kN} \qquad \therefore \ \mathrm{OK}$$

2. 보 웨브의 설계전단항복강도

$$\phi R_n = \phi \left(0.6 F_y\right) A_{gv}$$

$$= 1.0 \times (0.6 \times 275) \times 400 \times 8 \times 10^{-3}$$

$$= 528.0\,\text{kN} > 200\text{kN} \quad \therefore \ \text{OK}$$

3. 보 웨브의 설계전단파단강도

$$\phi R_n = \phi(0.6 F_u) A_{nv}$$

$$= 0.75 \times (0.6 \times 410) \times (400 - 5 \times 24) \times 8 \times 10^{-3}$$

$$= 413.3\,\text{kN} > 200\text{kN} \quad \therefore \ \text{OK}$$

4. 웨브 이음판의 설계블록전단파단강도

$$A_{gv} = (40 + 4 \times 60) \times 8 = 2{,}240\text{mm}^2$$

$$A_{nv} = (40 + 4 \times 60 - 4.5 \times 24) \times 8 = 1{,}376\text{mm}^2$$

$$A_{gt} = 40 \times 8 = 320\text{mm}^2$$

$$A_{nt} = (40 - 0.5 \times 24) \times 8 = 224\text{mm}^2$$

$$U_{bs} = 1.0(\text{인장응력이 일정})$$

$$F_u A_{nt} = 410 \times 224 \times 10^{-3} = 91.8\text{kN}$$

$$0.6 F_u A_{nv} = 0.6 \times 410 \times 1{,}376 \times 10^{-3} = 338.5\text{kN}$$

$$0.6 F_y A_{gv} = 0.6 \times 275 \times 2{,}240 \times 10^{-3} = 369.6\ \text{kN}$$

식 (4.2)에서

$$R_n = 0.6 F_u A_{nv} + U_{bs} F_u A_{nt} \leq 0.6 F_y A_{gv} + U_{bs} F_u A_{nt}$$

$$R_n = (338.5 + 1.0 \times 91.8) = 430.3\text{kN} > (319.6 + 1.0 \times 91.8) = 461.4\text{kN}$$

$$R_n = 430.3\,\text{kN}$$

$$\phi R_n = 0.75 \times 430.3 = 322.7\text{kN} > 200\text{kN} \qquad \therefore \ \text{OK}$$

5. 웨브 이음판의 설계전단파단강도

$$A_{nv} = (320 - 5 \times 24) \times 8 = 1{,}600\text{mm}^2$$

$$\phi R_n = \phi(0.6 F_u) A_{nv}$$

$$= 0.75 \times (0.6 \times 410) \times 1{,}600 \times 10^{-3}$$

$$= 295.2\text{kN} > 200\text{kN} \qquad \therefore \ \text{OK}$$

6. 웨브 이음판의 설계전단항복강도

$$\phi R_n = \phi(0.6 F_y) A_{gu} = 1.0 \times (0.6 \times 275) \times 320 \times 8 \times 10^{-3}$$

$$= 422.4\text{kN} > 200\text{kN} \qquad \therefore \ \text{OK}$$

06

그림과 같이 계수하중에 의한 부재력을 받는 패널존의 전단강도를 검토하시오. 기둥부재는 H−400×400×13×21(SM355, $A = 21.87 \times 10^3 \text{mm}^2$)이고, 보 부재는 H−588×300×12×20(SM275)이다.

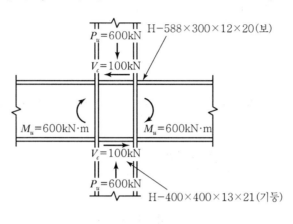

1. 웨브 패널존의 설계전단강도

$$P_u = 600\text{kN}, \quad P_y = F_y \cdot A = 345 \times 21.87 \times 10^3 \times 10^{-3} = 7,545\text{kN}$$

$$0.4P_y = 0.4 \times 7,545 = 3,018\text{kN}$$

$$P_u \leq 0.4P_y$$

$$\phi_l = 0.9, \quad R_v = 0.6F_{yw}d_c t_w$$

$$\phi_l R_v = 0.9 \times 0.6 \times 355 \times 400 \times 13 \times 10^{-3} = 997\text{kN}$$

2. 패널존 보강

(1) 패널존에 작용하는 전단력

$$V_u = 2 \times \frac{M_u}{d_b - t_{fb}} - V_c = 2 \times \frac{600,000}{588 - 20} - 100 = 2,013\text{kN}$$

$\phi_l R_v < V_u$이므로 패널존 보강이 필요하다.

(2) 패널존 2중플레이트(Double Plate)의 필요두께(SM355 사용)

$$t_w \geq \frac{V_u}{\phi 0.6 F_{yw} d_c} = \frac{2,013 \times 10^3}{0.9 \times 0.6 \times 355 \times 400} = 26.3 \text{mm}$$

$$26.3 - 13 = 13.3 \text{mm}$$

따라서 패널존 양쪽에 각각 7mm 강판(필릿용접, 필릿사이즈 5mm)으로 보강한다.

3. 보강판

보강판의 가로길이 : $400 - 2 \times 21 - 2 \times 22 - 2 \times 5 = 304 \text{mm} \rightarrow 305 \text{mm}$

보강판의 세로길이 : $588 - 2 \times 20 - 2 \times 28 - 2 \times 5 = 482 \text{mm} \rightarrow 485 \text{mm}$

$\therefore 2PL - 7 \times 305 \times 485$를 용접함

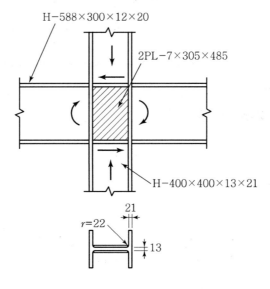

07

다음 그림과 같은 주각이 중심축 하중 $P_u = 4,000$kN을 받을 때 베이스 플레이트(SM490)를 설계하시오. 기둥 H−350×350×12×19(SM 355), 기초크기 $2,000 \times 2,000$mm^2, 콘크리트 압축강도 $f_{ck} = 21$ N/mm²이다.

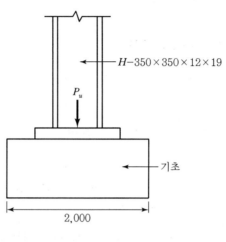

$H-350 \times 350 \times 12 \times 19$

P_u

기초

2,000

1. 베이스 플레이트 크기 결정

(1) 최소 베이스 플레이트 크기 결정

지지콘크리트 면적이 베이스 플레이트의 면적에 대하여 $\sqrt{A_2/A_1} = 2$가 되도록 가정하면

$$A_1 = \frac{P_u}{\phi_c(0.85f_{ck})\sqrt{A_2/A_1}}$$

$$= \frac{4 \times 10^6}{0.65 \times 0.85 \times 21 \times 2} = 172 \times 10^3 \, \text{mm}^2$$

$\sqrt{A_2/A_1} = 2$이므로

$A_2 = 4A_1 = 4 \times 172 \times 10^3 = 688 \times 10^3 \, \text{mm}^2$

기초 면적 $= 2,000 \times 2,000 = 4 \times 10^6 \, \text{mm}^2 > A_2$

베이스 플레이트는 기둥보다 커야 한다.

$A_1 > d\,b_f$

$172 \times 10^3 \mathrm{mm}^2 > (350 \times 350 = 122.5 \times 10^3 \mathrm{mm}^2)$

$\therefore$ 최소 베이스 플레이트 면적을 $A_1 = 172 \times 10^3 \mathrm{mm}^2$으로 가정함

(2) 최적 베이스 플레이트의 크기

$$\Delta = \frac{0.95d - 0.8b_f}{2}$$

$$= \frac{0.95 \times 350 - 0.8 \times 350}{2} = 26.3 \mathrm{mm}$$

$$N = \sqrt{A_1} + \Delta = \sqrt{172 \times 10^3} + 26.3 = 441\,\mathrm{mm} \;\rightarrow\; 450\mathrm{mm}$$

$$B = A_1/N = 172 \times 10^3/450 = 382\,\mathrm{mm} \;\rightarrow\; 450\,\mathrm{mm}$$

$$\therefore B \times N = 450 \times 450 \mathrm{mm}^2 (A_1 = 202.5 \times 10^3 \mathrm{mm}^2) > (172 \times 10^3 \mathrm{mm}^2) \quad \therefore \mathrm{OK}$$

2. 베이스 플레이트의 설계지압강도 검토

$$\sqrt{A_2/A_1} = \sqrt{(2{,}000 \times 2{,}000)/(450 \times 450)} = 4.44 > 2$$

$$\phi_c P_p = \phi_c 0.85 f_{ck} A_1 \sqrt{A_2/A_1} = \phi_c 0.85 f_{ck}(2BN) \; (\sqrt{A_2/A_1} < 2 \;\text{이므로})$$

$$= 0.65 \times 0.85 \times 21 \times 2 \times 450 \times 450 \times 10^{-3}$$

$$= 4{,}699\mathrm{kN} > 4{,}000\mathrm{kN}$$

3. 베이스 플레이트의 두께 산정

$$m = \frac{N - 0.95\,d}{2} = \frac{450 - 0.95 \times 350}{2} = 58.8\,\text{mm}$$

$$n = \frac{B - 0.8\,b_f}{2} = \frac{450 - 0.8 \times 350}{2} = 85\,\text{mm}$$

$$X = \frac{4\,d\,b_f}{(d + b_f)^2}\frac{P_u}{\phi_B P_p} = \frac{4 \times 350 \times 350}{(350 + 350)^2} \times \frac{4,000}{4,699} = 0.851$$

$$\lambda = \frac{2\sqrt{X}}{1 + \sqrt{1 - X}} = \frac{2\sqrt{0.851}}{1 + \sqrt{1 - 0.851}} = 1.331 > 1.0 \;\rightarrow\; \lambda = 1.0$$

$$\lambda_n{}' = \frac{\lambda\sqrt{d\,b_f}}{4} = \frac{1.0\sqrt{350 \times 350}}{4} = 87.5\,\text{mm}$$

l은 m, n, $\lambda_n{}'$ 값 중 최댓값인 87.5mm이다.

$$t_{bp} \geq l\ \sqrt{\frac{2P_u}{0.9F_y BN}}$$

$$= 87.5\ \sqrt{\frac{2 \times 4,000,000}{0.9 \times 315 \times 450 \times 450}} = 31.2\text{mm} \rightarrow 35\text{mm}$$

∴ 베이스 플레이트 PL $- 35 \times 450 \times 450$ 사용

CHAPTER

10 내진설계

1. 지진발생 원인

지진은 지구 내부의 온도를 냉각시키는 맨틀대류현상에 의해 발생한다. 이를 살펴보기 위해서 지구 내부의 구조를 살펴보자.

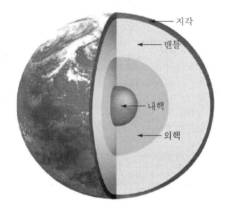

[그림 10.1] 지구 내부구조

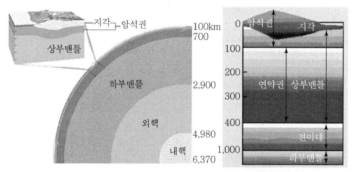

구분	깊이(km)	내부온도[℃]	비고
지각	5~100	15~800	고체
상부 맨틀	100~700	1,000~3,500	고체
하부 맨틀	700~2,900		고체
외핵	2,900~5,100	3,500~4,000	액체
내핵	5,100~6,400	4,000~4,500	고체

[그림 10.2] 지구 내부 온도분포도

2. 맨틀대류설

맨틀대류설은 고지자기와 열점에서의 에너지분출로 열이 분산되어 맨틀이 대류하며 대류 방향에 따라 맨틀상부의 지각판이 움직인다는 이론으로, 1928년 영국의 홈즈가 최초로 주장하였다.

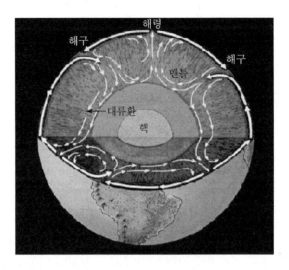

[그림 10.3] 맨틀대류 모형

3. 맨틀대류의 원인

고온의 맨틀은 밀도가 작아 위로 상승하고, 저온의 맨틀은 밀도가 커 아래로 하강하여 맨틀 대류가 진행된다. 맨틀대류의 주원인은 지구내부 구조의 온도차로 발생하는 열기둥 (Plume) 때문이다.

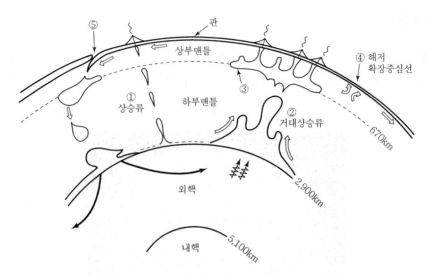

[그림 10.4] 맨틀의 열기둥(Plume) 및 판구조 운동

4. 판구조론

현재 지구상에 약 12개의 지각판이 5대양 6대주로 구성되어 이동하고 있다는 학설이 판구조론이다. 판구조론에 의하면 대륙이동은 지각판들의 운동으로 발생하며 해양저 밑에는 크고 작은 여러 개의 지각판 경계가 있고, 이 경계지역에서 지진과 화산활동이 발생한다.

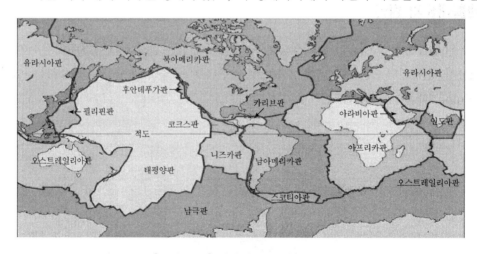

[그림 10.5] 세계의 주요 지각판도

5. 지진발생 원리

지진은 지각의 판 경계면에 발생하는 단층의 상대적인 움직임으로 단층면에 마찰운동이 발생하여 지진파와 진동을 유발하여 발생된다.

즉, 지진은 단층면에 발생하는 마찰운동으로 발생하며, 지진발생 위치에 따라 천발지진, 중발지진, 심발지진으로 나뉜다.

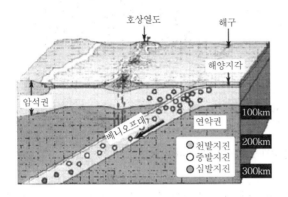

[그림 10.6] 해구모형

[그림 10.7] 해령모형

6. 지진전달 원리

지각판 마찰로 발생하는 지진에너지는 지진파라는 파동으로 전달된다.

지진파는 파의 전달형식과 속도에 따라 P파(Primary Wave)와 S파(Secondary Wave), L파(Love Wave)로 나뉜다. 가장 먼저 도달하는 P파는 수평방향의 에너지를 전달하는 종파이며, S파는 수직을 이루며 진행하는 횡파이고, L파는 지진에너지가 지표면에 전달되는 표면차로 수직움직임은 없고 표면의 S자 모양의 수평움직임만 전달되는 파다.

Rayleigh파는 표면파로 바다의 파도와 같은 파다. 수직과 수평방향으로 에너지를 전달하며 입자의 운동은 타원운동이며, 진폭은 깊이에 따라 지수적으로 감소한다.

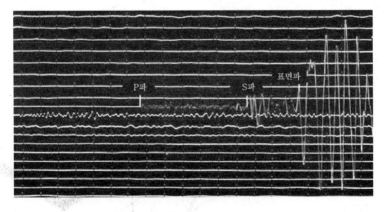

[그림 10.8]] 지진파별 전달특성

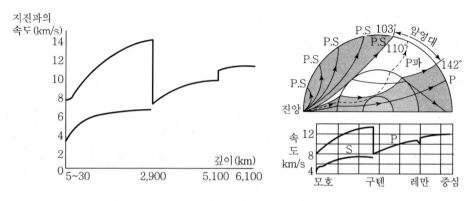

[그림 10.9] 지구 내부에 전달되는 지진파별 특성

지진파는 지구 내부를 통과할 때 물질의 밀도나 성질에 따라 속도가 변한다. P파는 지표에서 2,900km와 5,100km 이래에서 속도의 불연속면이 생기며 속도가 달라지고, S파는 2,900km 지점까지는 전파되나 그 이후는 끊어지는데 이는 외핵이 액체로 구성됨을 의미한다.

7. 단층활동

(1) 지각판 내부상세도(단층, 절리, 화산, 해령, 해구)

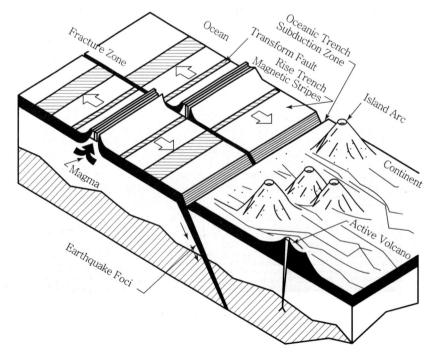

[그림 10.10] 지각판의 내부구조

(2) 단층면 활동형태

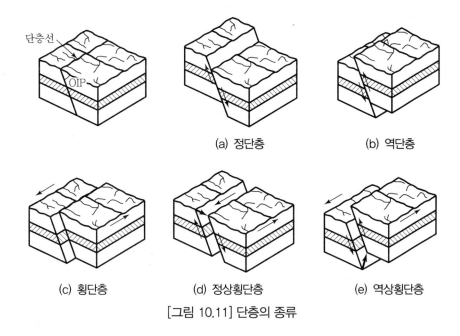

(a) 정단층

(b) 역단층

(c) 횡단층

(d) 정상횡단층

(e) 역상횡단층

[그림 10.11] 단층의 종류

(3) 지진관련 용어

단층면에 발생된 지진을 단층면을 기준으로 전개한 그림은 아래와 같다. 그림을 이용하여 지진관련 용어를 살펴본다.

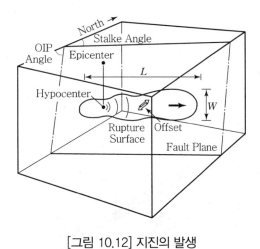

[그림 10.12] 지진의 발생

1) 진원(Hypocenter)

지진이 발생되어 지진에너지를 발산하는 원지점을 진원지라 한다.

2) 진앙(Epicenter)

진원지가 있는 지표위 지점을 진앙지라 한다.

3) 파괴면(Rupture Surface)

진원지의 지진에너지가 전파되는 단층면의 영역을 파괴면이라 한다.

4) 단층면(Fault Plane)

진원지를 포함하고 있는 활동면을 말한다.

8. 지진피해 사례 – 파키스탄 지진[2005년 10월 발생]

지구의 지표층을 구성하는 12개 지각판 가운데 '인도판'은 매년 4cm씩 동북쪽으로 이동하면서 히말라야산맥과 충돌해 지층을 균열시키고 있다. 이 여파로 히말라야 일대에선 1803~1950년 사이 리히터 규모 8 이상의 강진이 여섯 차례 발생했다.

더구나, 일부 지진학자들은 최근 지진이 발생한 파키스탄 지역에 대해 지난 50여 년간 히말라야 일대가 조용했던 사실을 더 우려한다. 그 이유는 대지진이 발생할 정도로 단층이 균열되기 위해선 1,000년 이상 걸리는데, 네팔 부근 단층은 12세기 이후 한 번도 붕괴된 적이 없기 때문에 그동안 축적된 에너지가 언젠가 방출되면 대규모 지진으로 이어질 것으로 보기 때문이다.

[그림 10.13] 파키스탄 카슈미르 지진피해 현장

9. 지진의 규모와 진도

(1) 규모(Magnitude)

지진의 진원에서 방출된 에너지의 크기를 정량적으로 표현한 것을 지진의 규모라 한다. 규모는 진앙지에서 100km 떨어진 지점에서 지진계로 지진파의 최대진폭을 마이크로 단위(1/1,000mm)로 측정하여 상용대수(log10)로 나타낸 값으로, 통상 리히터(Richter) 지진규모를 말한다. 리히터 지진계로 진도 6의 지진이 발생했다는 것은 리히터 스케일로 진원지에서 규모 6의 지진이 발생했다는 것을 의미한다.

$$M_L = \log\left(\frac{A'}{A_0'(\Delta)}\right)$$

여기서, M_L : 리히터 지진규모
A' : 최대지진진폭
$A_0'(\Delta)$: 진앙지에서 100km 위치한 지역의 최대지진진폭

[그림 10.14] 지진 시 건물의 움직임 상상도

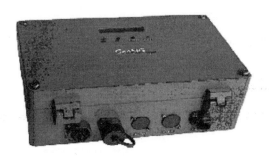 

[그림 10.15] 지진계 외부, 내부 사진(Strand Earthquake사)

(2) 진도(Intensity)

지진에 의한 자연과 인체에 대한 피해의 정도를 등급으로 분류하여 나타낸 것을 진도라한다. 통상 수정메르칼리 진도등급(MMI ; Modified Mercalli Intensity)을 많이 사용하며 12등급으로 분류한다.

▼ [표 10.1] 지진의 진도 등급

진도	피해상황	진도	피해상황
I	민감한 기구로 감지	VII	보통구조물은 모두 피해를 보며 운전 중인 상태에서 느끼는 정도
II	고층구조물에 있는 민감한 사람에게 감지	VIII	굴뚝이나 벽이 무너지며 자동차 운전이 어려운 정도
III	실내에서 모든 사람이 감지	IX	보통구조물은 근 피해를 보며 내진구조물도 기울어지고 땅이 갈라지고 지하파이프 등이 부러지는 정도
IV	창문이나 문이 흔들리고 정지한 차가 흔들리는 정도	X	목조건물은 피해를 보고 석조건물은 붕괴되며 철로가 휘어지고 산사태가 발생하는 정도
V	잠자는 사람이 깨며 창문이 깨지는 정도	XI	내진구조물만 남으며 교량붕괴, 지하파이프 완전절단, 대규모 산사태가 발생되는 정도
VI	모든 사람이 놀라 실외로 도피하며 벽의 흙이나 석회 등이 떨어지는 정도	XII	전면적인 피해가 발생하며 육안으로 지표의 움직임이 보이며 수평선이 뒤틀리고 하늘로 물체가 던져지는 정도

(3) 규모와 진도 관계

$$M = 1 + \frac{2}{3} I_{mm}$$

여기서, M : 지진규모
I_{mm} : 수정메르칼리 진도(MM진도)

(4) 최대지반 가속도(Max. Ground Acceleration)

① 내진설계 시 설계 지진력을 산정하기 위한 계수로서 지진구역과 재현주기에 따라 그 값이 다르다.

② A_{cc}의 단위 : cm/sec^2(or gal)

③ 1 gal＝980cm/sec²

④ log10 A$_{cc}$(cm/sec²)＝0.3×MMI＋0.014

⑤ MMI 7＝0.1g(100gal)

10. 내진구조방식

지진에 대한 구조물의 안전성 확보를 위한 내진구조방식으로는 면진구조방식, 제진구조방식, 내진구조방식이 있다.

(1) 면진구조

면진구조는 지진발생 시 구조물을 Isolation Bearing 등으로 기초지반과 분리시켜 구조물에 지진력이 가해지지 않도록 설계하는 구조방식을 말한다.

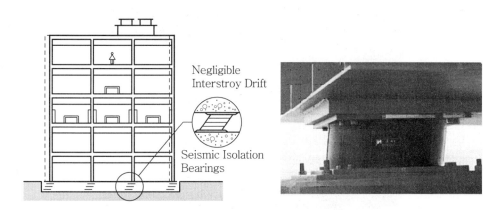

[그림 10.16] 면진구조 및 면진장치 거동

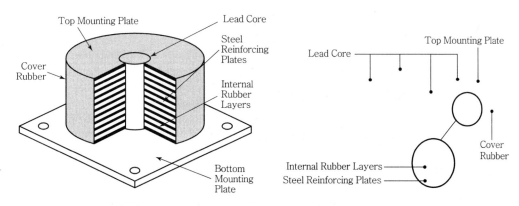

[그림 10.17] 적층 납면진 받침(Laminated Lead Rubber Bearing ; LRB)

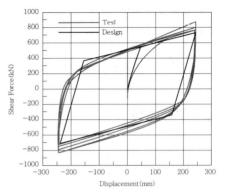

[그림 10.18] LRB 비선형 거동특성 실험장치와 실험결과

[그림 10.19] 철골구조 LRB 적용사례

[그림 10.20] 철골구조 기초부 LRB 설치상세

(2) 제진구조

제진구조는 구조물에 유압댐퍼와 같은 감쇠기구를 설치하여 지진에 의한 횡하중을 제어하는 구조방식을 말한다.

1) 능동제진(Active Control)

능동제진은 외부에서 전기식 혹은 유압식 가력장치를 사용하여 구조물에 힘을 더하여 진동을 억제하는 방식이다.

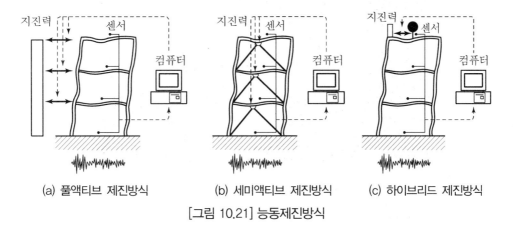

(a) 풀액티브 제진방식   (b) 세미액티브 제진방식   (c) 하이브리드 제진방식

[그림 10.21] 능동제진방식

2) 수동제진(Passive Control)

수동제진은 외부에서 힘을 더하지 않고 감쇠장치를 구조물에 설치하여 진동에너지를 흡수하여 구조물의 진동을 억제하는 방식이다.

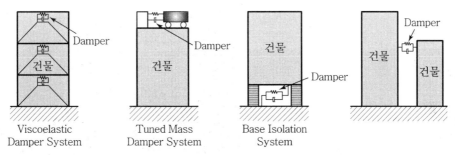

(a) 건물 각 층에 설치   (b) 건물 상부에 설치   (c) 건물 하부에 설치   (d) 인접건물 간에 설치

[그림 10.22] 수동제진방식

(3) 내진구조

내진구조는 지진 에너지를 구조물의 강성과 탄성이 저항하도록 설계하는 방식을 말하며 가장 널리 쓰이는 설계방식이다.

1) 철골구조

철골구조에서는 수직가새(Vertical Bracing)가 지진수평력을 저항하도록 설계한다.

[그림 10.23] 철골구조의 수직가새 전경

2) 콘크리트구조

콘크리트구조에서는 전단벽이 지진수평력을 저항하도록 설계한다.

전단벽은 철근콘크리트 구조물에서 내진벽을 말하는데, 건물의 하부에 작용하는 수평지진력에 저항하도록 설계된 콘크리트벽체이다.

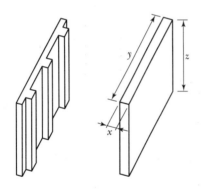

[그림 10.24] 전단벽의 해석모델

[그림 10.25] 전단벽체 철근배근

11. 지진해석법

내진설계 해석법으로는 지진하중을 등가의 정적하중으로 치환하여 해석하는 등가정적 해석법(등가횡하중 해석법)과 응답스펙트럼이나 모드중첩을 이용하는 유사동적 해석법(동적횡하중 해석법) 등이 있다.

(1) 등가정적 해석법

최대지진 가속도와 중력가속도의 비로 산정되는 가속도계수를 지진응답계수로 변환하여 등가의 정적하중을 산정하는 것을 등가정적 해석법이라 한다. 가속도계수는 다음과 같다.

$$F = ma = \frac{W}{g}a = A\,W$$

여기서, m : 질량, a : 가속도, g : 중력가속도, A : 가속도계수

건축물 설계기준(KBC)에 따른 등가정적 해석법은 다음과 같이 규정하고 있다.

$$V = C_S\,W$$

여기서, V : 밑면 전단력
C_S : 지진응답계수
$$0.01 < C_S = \frac{S_{D1}}{\left[\dfrac{R}{I_E}\right]T} \leq \frac{S_{DS}}{\left[\dfrac{R}{I_E}\right]}$$
S_{D1} : 주기 1초일 때 설계스펙트럼가속도
S_{DS} : 단주기일 때 설계스펙트럼가속도
A : 지역계수
I_E : 중요도계수
T : 건축물의 고유진동주기(sec)
R : 반응수정계수
W : 구조물 총중량

1) 지진구역 및 지역계수

▼ [표 10.2] 지진구역 구분 및 지역계수

지진구역		행정구역	지진구역계수
1	시	서울, 인천, 대전, 부산, 대구, 울산, 광주, 세종	0.22g
	도	경기, 충북, 충남, 경북, 경남, 전북, 전남, 강원 남부*	
2	도	강원 북부**, 제주	0.14g

* 강원 남부 : 영월, 정선, 삼척, 강릉, 동해, 원주, 태백

** 강원 북부 : 홍천, 철원, 화천, 횡성, 평창, 양구, 인제, 고성, 양양, 춘천, 속초

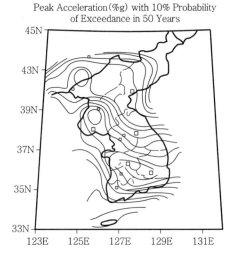

Peak Acceleration(%g) with 10% Probability
of Exceedance in 50 Years

[그림 10.26] 우리나라의 지진 가능성

2) 지반의 분류

▼ [표 10.3] 지반의 분류

지반 종류	지반종류의 호칭	평균 지반특성		
		전단파속도 (m/s)	표준관입 시험 $\overline{N}$ (타격횟수/300 mm)	비배수 전단강도 $\overline{s_u}(\times 10^{-3} \mathrm{MP_a})$
S_A	경암지반	1,500 초과	–	–
S_B	보통암지반	760에서 1,500 미만		
S_C	매우 조밀한 토사지반 또는 연암지반	360에서 760 미만	> 50	> 100
S_D	단단한 토사지반	180에서 360 미만	15에서 50	50에서 100
S_E	연약한 토사지반	180 미만	< 15	< 50

3) 설계스펙트럼가속도

$$S_{DS} = S \times 2.5 \times F_a \times \frac{2}{3} \quad\text{.. (10.1)}$$

$$S_{D1} = S \times F_v \times \frac{2}{3} \quad\text{.. (10.2)}$$

여기서, F_a, F_v : 지반증폭계수

▼ **[표 10.4] 단주기 지반증폭계수, F_a**

지반종류		지진지역		
		$S_s \leq 0.25$	$S_s = 0.50$	$S_s = 0.75$
S_A		0.8	0.8	0.8
S_B		1.0	1.0	1.0
S_C	보통암까지의 깊이 20m 이상	1.2	1.2	1.1
	보통암까지의 깊이 20m 미만	1.4	1.4	1.3
S_D	보통암까지의 깊이 20m 이상	1.6	1.4	1.2
	보통암까지의 깊이 20m 미만	1.7	1.5	1.3
S_E		2.5	1.9	1.3

주) S_s는 설계스펙트럼 가속도 산정식(10.1)에 적용된 S를 2.5배 한 값이다. 위 표에서 S_s의 중간 값에 대하여는 직선보간한다.

▼ **[표 10.5] 1초 주기 지반증폭계수, F_v**

지반종류		지진지역		
		$S \leq 0.1$	$S = 0.2$	$S = 0.3$
S_A		0.8	0.8	0.8
S_B		1.0	1.0	1.0
S_C	보통암까지의 깊이 20m 이상	1.7	1.6	1.5
	보통암까지의 깊이 20m 미만	1.5	1.4	1.3
S_D	보통암까지의 깊이 20m 이상	2.4	2.0	1.8
	보통암까지의 깊이 20m 미만	1.7	1.6	1.5
S_E		3.5	3.2	2.8

주) S는 설계스펙트럼 가속도 산정식(10.2)에 적용된 값이다. 위 표에서 S의 중간값에 대하여는 직선보간한다.

4) 설계스펙트럼가속도 작성

① $T \leq T_0$일 때, 스펙트럼가속도 S_a는 식 (10.3)에 의한다.

② $T_0 \leq T \leq T_S$일 때, 스펙트럼가속도 S_a는 S_{DS}와 같다.

③ $T > T_S$일 때, 스펙트럼가속도 S_a는 식 (10.4)에 의한다.

$$S_a = 0.6 \frac{S_{DS}}{T_0} T + 0.4 S_{DS} \quad \cdots\cdots\cdots (10.3)$$

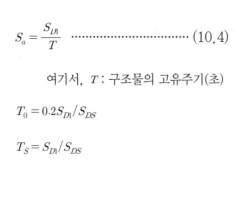

$$S_a = \frac{S_{D1}}{T} \quad \cdots\cdots\cdots\cdots\cdots\cdots (10.4)$$

여기서, T : 구조물의 고유주기(초)

$$T_0 = 0.2 S_{D1}/S_{DS}$$

$$T_S = S_{D1}/S_{DS}$$

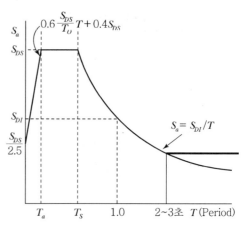

5) 내진등급과 중요도계수[I_E]

▼ [표 10.6] 내진등급의 특징 및 중요도계수

내진등급		용도 및 규모	중요도계수(I_E)	
			도시계획구역	그 외 지역
특	지진 후 피해복구에 필요한 중요시설을 갖추고 있거나 유해물질을 다량으로 저장하고 있는 구조물	연면적이 1천 제곱미터 이상의 위험물저장 및 처리시설, 병원, 방송국, 전신전화국, 소방서, 발전소, 국가 또는 지방자치단체의 청사, 외국공관, 아동관련시설, 노인복지시설, 사회복지시설 및 근로복지시설, 15층 이상 아파트 및 오피스텔	1.5	1.2
I	지진으로 인한 피해를 입을 경우 대중에게 큰 위험을 초래할 수 있는 구조물	연면적이 5천 제곱미터 이상인 공연장, 집회장, 관람장, 전시장, 운동시설, 판매 및 영업시설, 오피스텔, 기숙사 및 아파트, 3층 이상의 학교	1.2	1.0
II	내진등급(특)이나 I에 해당되지 않는 구조물	내진등급(특) 및 I에 해당되지 않는 구조물	1.0	0.8

▼ [표 10.7] 건축물의 중요도에 따른 내진등급과 중요도계수

건축물의 중요도	내진등급	중요도계수(I_E)
중요도(특)	특	1.5
중요도(1)	I	1.2
중요도(2), (3)	II	1.0

6) 반응수정계수[R]

실제 구조물은 항복점을 지나 좌굴하거나 비탄성거동을 한다. 비탄성거동을 하면 감쇠증가로 에너지소산의 효과가 있고, 지진저항시스템도 어느 정도 여유도를 가지고 있으므로 이를 반영하여 실제구조물의 거동에 알맞게 조정해주는 계수가 반응수정계수이다.

7) 지진응답계수

$$0.01 < C_s = \frac{S_{D1}}{\left[\dfrac{R}{I_E}\right] T} \leq \frac{S_{DS}}{\left[\dfrac{R}{I_E}\right]}$$

여기서, I_E : 중요도 계수

R : 반응수정계수

S_{DS} : 단주기 설계스펙트럼가속도

S_{D1} : 주기 1초에서의 설계스펙트럼가속도

T : 건축물의 고유주기(sec)

8) 변형과 횡변위 제한

설계 층간변위 $\Delta < \Delta_a$

▼ [표 10.8] 허용 층간변위 Δ_a

	내진 등급		
	특	I	II
Δ_a	$0.010h_x$	$0.015h_x$	$0.020h_x$

여기서, h_x : x층 층고

01 정적해석과 동적해석의 차이점

1. 정의

구조 동력학이란 시간에 따라 변하는 동적하중을 받는 구조물의 동적응답(변위, 속도, 가속도 등)을 구하는 학문이며, 동적응답으로 유발되는 탄성력, 관성력, 감쇠력을 산정하여 동적하중에 견디는 구조물을 설계하기 위하여 이용된다.

2. 정적해석과 동적해석의 비교

구조물에 작용하는 하중은 정하중과 동하중으로 분류할 수 있다. 정하중과 동하중에 의한 구조물의 정적해석과 동적해석의 차이점은 아래와 같다.

항목	정적해석	동적해석
외적하중	정하중(시간 독립)	동하중(시간 종속)
내부저항력	탄성력(f_E)	탄성력(f_E) 관성력(f_I) 감쇠력(f_D)
특이사항	없음	공진발생, 동직증폭
힘의 평형관계	f_a m f_E k $f_E = kx$	$f_a(t)$ m $f_I(t)$ $f_E(t)$ k $f_D(t)$ $f_I(t) = m\ddot{x}(t)$ $f_D(t) = c\dot{x}(t)$ $f_E(t) = kx(t)$
동적증폭계수	없음	$DAF = \dfrac{\max\|x_{dym}\|}{\max\|x_{ma}\|}$

02 지진의 규모와 진도를 설명하시오.

1. 지진의 규모(Magnitude)

지진이 발생한 진원에서 방출된 에너지의 크기를 정량적으로 표현한 것을 지진의 규모 (Magnitude)라고 하며, 통상 리히터 지진계(Richter Scale)로 나타낸다. 리히터 지진계 로 진도 6의 지진이 발생했다는 것은 실제 Richter Scale로는 진원지에서 규모가 6인 지 진이 발생한 것을 의미한다. 리히터 스케일 1은 60톤의 TNT 폭약이 갖는 에너지와 같다.

2. 지진의 진도(Intensity)

지진에 의한 자연과 인체에 대한 피해의 정도를 등급으로 분류하여 나타낸 것을 진도 (Intensity)라 하며, 등급은 12등급(I-XII)으로 분류하고 있다.
통상 지진의 진도는 수정 메르칼리 진도 등급(MMI : Modified Mercalli Intensity)을 많 이 사용하고 있으며 그 내용은 아래 표와 같다.

진도	피해상황	진도	피해상황
I	민감한 기구로 감지	VII	보통 구조물은 모두 피해를 보며 운전중인 상태에서 느끼는 정도
II	고층구조물에 있는 민감한 사람에게 감지	VIII	굴뚝이나 벽이 무너지며 자동차 운전이 어려운 정도
III	실내에서 모든 사람이 감지	IX	보통 구조물은 큰 피해를 보며 내진구조물도 기울어지고 땅이 갈라 지고 지하파이프 등이 부러지는 정도
IV	창문이나 문이 흔들리고 정지한 차가 흔들리는 정도	X	목조건물은 피해를 보고 석조건물은 붕괴되며 철로가 휘어지고 산사태가 발생하는 정도
V	잠자는 사람이 깨며 창문이 깨지는 정도	XI	내진구조물만 남으며 교량붕괴, 지하파이프 완전절단, 대규모 산사태가 발생되는 정도
VI	모든 사람이 놀라 실외로 도피하며 벽의 흙이나 석회 등이 떨어지는 정도	XII	전면적인 피해가 발생하며 육안으로 지표의 움직임이 보이며 수평선이 뒤틀리고 하늘로 물체가 던져지는 정도

QUESTION

03 고유진동수, 고유주기에 대해 설명하시오.

1. 고유진동수

(1) 운동방정식에서 각 고유진동수

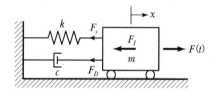

[단자유도계에서 힘의 평형]

$my'' + cy' + ky = 0$을 m으로 나누면

$y'' + \dfrac{c}{m}y' + \dfrac{k}{m}y = 0$

if Undamping System이라면 $c = 0$

$$y'' + \dfrac{k}{m}y = 0 \quad \cdots\cdots (1)$$

위 식의 일반해는

$$y = \sin wt \quad \cdots\cdots (2)$$

$$y'' = -w^2 \sin wt \quad \cdots\cdots (3)$$

(2)(3)을 (1)식에 대입하고 정리하면

각 고유진동수 $w = \sqrt{\dfrac{k}{m}} \quad (rad/\sec)$

2. 주기와 고유진동수

주기를 T라고 하면

$$w\,T = 2\pi$$

진동주기 $\quad T = 2\dfrac{\pi}{w} = 2\pi\sqrt{\dfrac{m}{k}}$

고유진동수 $\quad f = \dfrac{1}{T} = \dfrac{1}{2\pi}\sqrt{\dfrac{k}{m}}\,(\mathrm{Hz})$

04 안전성 확보를 위한 내지진 구조방식을 설명하시오.

1. 개요

지진에 대한 구조물의 안전성 확보를 위한 내지진 구조방식으로는 면진구조방식, 제진구조방식, 내진구조방식이 있다. 이들 구조방식의 개념을 살펴본다.

2. 면진구조방식(Avoided Seismic)

면진구조는 구조물을 격리 베어링(Isolation Bearing) 등으로 기초지반과 절연하여 지진발생 시 구조물에 지진력이 가해지지 않도록 설계하는 구조방식을 말한다.

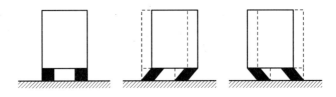

[지진 시 면진구조 거동]

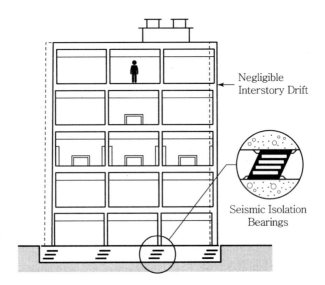

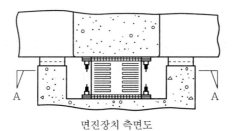

면진장치 측면도

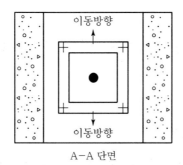

A-A 단면

[면진장치설치 위치와 상세도]

3. 제진구조방식(Controlled Seismic)

제진구조는 Oil Damper 등의 감쇠기구를 구조물 기초에 설치하여 지진 시 지진하중을 제어하는 구조방식을 말한다.

4. 내진구조방식(Seismic Design)

내진구조는 지진 에너지에 대하여 구조물이 파괴되지 않도록 강성과 탄성을 확보하는 설계방식을 말하며 가장 널리 쓰이는 설계방식이다.

05 제진구조방식에서 능동제진(Active control)과 수동제진(Passive control)의 원리를 간단히 설명하시오.

1. 제진구조

제진구조는 구조물에 유압댐퍼와 같은 감쇠기구를 설치하여 지진에 의한 횡하중을 제어하는 구조방식을 말한다.

2. 능동제진(Active Control)

능동제진은 외부에서 전기식 혹은 유압식 가력장치를 사용하여 구조물에 힘을 더하여 진동을 억제하는 방식이다.

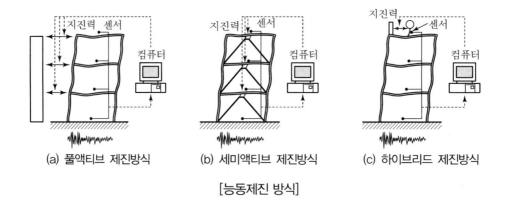

(a) 풀액티브 제진방식   (b) 세미액티브 제진방식   (c) 하이브리드 제진방식

[능동제진 방식]

3. 수동제진(Passive Control)

수동제진은 외부에서 힘을 더하지 않고 감쇠장치를 구조물에 설치하여 진동에너지를 흡수하여 구조물의 진동을 억제하는 방식이다.

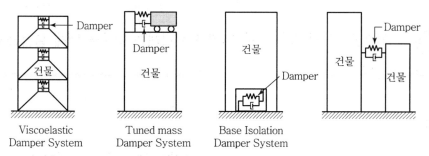

(a) 건물 각층에 설치 (b) 건물 상부에 설치 (c) 건물 하부에 설치 (d) 인접 건물간에 설치

[수동제진 방식]

06 건축물 내진설계 시 층간변위를 제한하는 이유에 대해 설명하시오.

1. 정의

층간변위(Story Drift)가 구조물에 미치는 영향을 살펴보기로 한다.

2. 층간변위 산정

(1) 층간변위 산정

층간변위 Δx는 임의의 층 상하에서 생기는 수평변위차로 구한다.

$$\Delta x = R(\delta_x - \delta_{x-1}) \leq \Delta a = 0.015 h_x \ (\text{비선형 처짐})$$

여기서, R : 비선형 거동을 고려한 수정 반응계수
δ_x : 선형탄성에 의한 상부처짐
δ_{x-1} : 선형탄성에 의한 하부처짐

(2) 층간변위각 산정

비구조적인 피해와 직접 관계가 되는 것은 층간변위가 아니라 층간변위각이다. 층간변위각이 크면 유리창이나 벽 등의 비구조 요소에 피해가 발생하게 되며, 층간변위각이 커지면 $P-\Delta$효과 증가로 구조물 안정성에 영향을 미친다.

3. $P-\Delta$ 효과

선형구조 해석과정에서 기둥이 수직으로 놓여 있다고 가정하고 소성변형이론을 적용시키지만 실제 변형이 커서 기둥이 수직이 아니고 얼마간 기울어졌을 경우와 효과를 고려하기 위하여 적용시키는 비선형 해석방법이다.

건물의 연직하중이 크고 편심력을 받는 경우에 층간 변위의 수평성분 Δ가 발생한다. 이 수평성분과 수직하중에 의하여 휨모멘트가 발생하고 이 휨모멘트에 의하여 다시 수평변위가 발생함으로써 건물의 수평 휨모멘트가 계속 증가하는 현상을 $P-\Delta$ 효과라 하며, 이 효과를 줄이기 위해 건물설계 시 층간변위의 대책으로 제한치를 설정해야 한다.

QUESTION

07 역량스펙트럼에 의한 내진해석 기법을 기술하시오.

1. 정의

역량스펙트럼(Acceleration Displacement Respose Spectrum : Capacity Spectrum)은 교각의 비선형거동 특성을 고려한 공급역량곡선(Capacity Curve)과 설계지진 시 교량에 요구되는 소요역량곡선(Demand Spectrum)을 동일한 그래프 위에 함께 도시하여 비교함으로써 교각의 내진성능을 시각적으로 평가하는 방법을 말한다.

2. 소요역량스펙트럼

응답가속도–주기의 관계식으로 표현되는 설계응답 스펙트럼을 응답가속도–응답변위의 관계로 변환한 스펙트럼을 말한다.

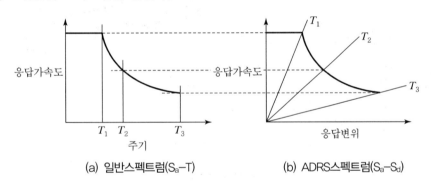

(a) 일반스펙트럼(S_a–T) (b) ADRS스펙트럼(S_a–S_d)

[일반적인 응답변위 스펙트럼과 ADRS]

3. 내진성능 평가방법

(1) 소요역량곡선과 공급역량곡선을 함께 도시하여 다음과 같이 내진성능을 평가한다.

1) 기능수행수준

공급역량곡선의 항복점의 위치가 기능수행수준 스펙트럼의 외부에 놓이면 내진성능을 만족하는 것으로 한다.

2) 붕괴방지수준

공급역량곡선의 극한점의 위치가 붕괴방지수준 스펙트럼의 외부에 놓이면 내진성
능을 만족하는 것으로 한다.

(2) 붕괴방지수준의 소요스펙트럼과 공급역량곡선의 교차점이 성능점이 되고 이는 붕괴방
지수준의 설계지진 하중시 교각의 응답변위크기를 나타낸다.

소요역량곡선과 공급역량곡선을 변환하여 그림과 같이 함께 도시한다(Capacity
Spectrum). 이때 공급역량곡선의 변위소성도 증가에 따른 이력감쇠비 증가로 "붕괴방
지수준"의 스펙트럼은 감소시켜 사용하는 것이 경제적인 평가방법이 된다.

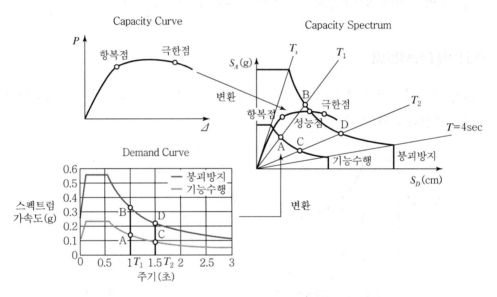

[역량스펙트럼]

08 지진력 산정법 중 등가정적 해석법에 대하여 밑면 전단력 산정 및 지진력의 수직분포 방법에 대하여 설명하시오.

1. 밑면 전단력

$$V = C_s W$$

여기서, W : 고정하중과 다음 하중을 포함한 유효 건물 중량

① 창고로 쓰이는 공간에서는 활하중의 최소 25%(공용차고와 개방된 주차장 건물의 경우 활하중은 포함시킬 필요 없음)
② 바닥 하중에 칸막이벽 하중이 포함될 경우에 칸막이의 실제 중량과 $0.5kN/m^2$ 중 큰 값
③ 영구 설비의 총 하중
④ 적설하중이 $1.5kN/m^2$을 넘는 평지붕의 경우에는 평지붕 적설하중의 20%

2. 지진응답계수

$$0.01 < C_s = \frac{S_{D1}}{\left[\dfrac{R}{I_E}\right] T} \leq \frac{S_{DS}}{\left[\dfrac{R}{I_E}\right]}$$

여기서, I_E : 중요도 계수
R : 반응수정계수
S_{DS} : 단주기 설계스펙트럼가속도
S_{D1} : 주기 1초에서의 설계스펙트럼가속도
T : 건축물의 고유주기(sec)

3. 설계스펙트럼가속도

$$S_{DS} = S \times 2.5 \times F_a \times \frac{2}{3}$$

$$S_{D1} = S \times F_v \times \frac{2}{3}$$

여기서, F_a, F_v : 지반증폭 계수

4. 지진력의 연직분포

밑면 전단력을 수직 분포시킨 층별 횡하중 F_x는 다음과 같다.

$$F_x = C_{vx} V$$

$$C_{vx} = \frac{w_x h_x^k}{\displaystyle\sum_{i=1}^{n} w_i h_i^k} : 수직 분포 계수$$

여기서, k : 건축물 주기에 따른 분포 계수

h_i, h_x : 밑면으로부터 i 또는 x층까지의 높이

w_i, w_x : i 또는 x층 바닥에서의 중량

n : 층수

QUESTION

09

다음 구조물의 고유주기를 산정하시오.(단, 구조물의 자중 : 100kN, 중력
가속도 : $9.81\mathrm{m/sec^2}$, $E_s = 205,000\mathrm{N/mm^2}$, $I = 1.17 \times 10^9 \mathrm{mm^4}$,
기둥의 자중은 무시)

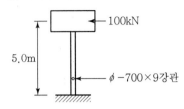

100kN

5.0m

$\phi-700\times9$강관

$w=100\mathrm{kN}$

δ

$g = 9.81\mathrm{m/sec^2}$

$E_s = 205,000\,\mathrm{N/mm^2}$

$I = 1.17 \times 10^9 \mathrm{mm^4}$

기둥 자중은 무시

1. 구조물의 강성

$$\delta = \frac{P\,l^3}{3EI}$$

$$P = \frac{3EI}{l^3}\delta$$

$$k_e = \frac{3EI}{l^3} = \frac{3 \times 205,000 \times 1.17 \times 10^9}{(5 \times 1,000)^3} = 5,756\,\mathrm{N/mm}$$

2. 고유주기

$$\omega = \sqrt{\frac{k}{m}}$$

$$\omega = 2\pi f = 2\pi \frac{1}{T}$$

$$T = \frac{2\pi}{\omega} = 2\pi \sqrt{\frac{m}{k}} = 2\pi \sqrt{\frac{\omega}{kg}}$$

$$= 2\pi \sqrt{\frac{100 \times 10^3}{5,756 \times 9.81 \times 10^3}} = 0.265\,\mathrm{sec}$$

■ QUESTION ■

10

그림과 같은 1층 구조계의 고유진동수를 구하시오.(단, $E = 2 \times 10^7$ N/cm², $I_1 = 1,000\text{cm}^4$이다.)

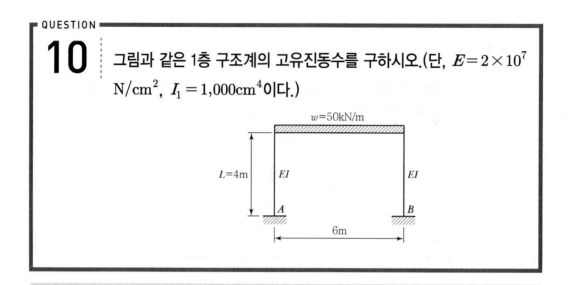

【풀이】 단자유도계 기둥의 고유진동수를 산정하는 문제이다. 양단고정 기둥의 스프링상수를 산정하여 고유진동수를 구하기로 한다.

1. 양단고정기둥의 스프링상수 산정

양단고정기둥의 휨강성은 처짐각법으로 산정하여 스프링상수를 구한다.

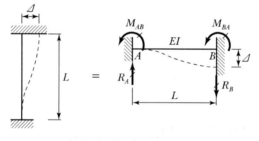

[수평처짐 작용 시]   [수직처짐 작용 시]

지점침하가 있는 양단고정보의 경계조건과 고정단모멘트는 다음과 같다.

(1) 고정단 경계조건 : $\theta_A = \theta_B = 0$

(2) 하중항 : $C_{AB} = C_{BA} = 0$

(3) 부재각 : $R_{AB} = R_{BA} = \dfrac{\Delta}{L}$

$$M_{AB} = 2EK_{AB}(2\theta_A + \theta_B - 3R_{AB}) + C_{AB}$$

$$= 2E\left(\frac{I}{L}\right)\left(-3 \times \frac{\Delta}{L}\right) = -\frac{6EI}{L^2}\Delta$$

$$M_{BA} = 2EK_{BA}(2\theta_A + \theta_B - 3R_{BA}) + C_{BA}$$

$$= 2E\left(\frac{I}{L}\right)\left(-3 \times \frac{\Delta}{L}\right) = -\frac{6EI}{L^2}\Delta$$

$$\sum M_A = 0 : -M_{AB} - M_{BA} + R_B \times L = 0$$

$$\therefore R_B = \frac{M_{AB} + M_{BA}}{L} = \frac{12EI}{L^3}\Delta \quad \cdots\cdots\cdots\cdots\cdots\cdots\cdots\cdots \text{지점침하부의 지점반력}$$

$$\therefore k = \frac{12EI}{L^3} = \frac{12 \times (2 \times 10^7) \times 1,000}{400^3} = 3,750\text{N/cm}$$

2. 등가스프링상수 산정

1층 슬래브에 고정된 기둥의 수평변위는 동일하므로 병렬 연결 스프링구조계이다. 병렬 스프링의 등가스프링상수를 구한다.

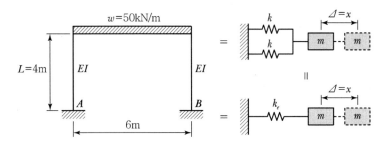

병렬 연결 스프링의 등가스프링상수는 다음과 같다.

$$\therefore k_e = \sum k_i = k_1 + k_2$$
$$= 2 \times 3,750 = 7,500\text{N/cm}$$

3. 고유진동수 산정

고유진동수 산정식에 질량과 스프링상수를 대입하여 고유진동수를 구한다.

(1) 총 중량 산정

$$W = w \times L = 50 \times 6 = 300 \text{kN}$$

(2) 고유진동수 산정

$$\therefore f_n = \frac{1}{2\pi} \sqrt{\frac{k_e}{m}} = \frac{1}{2\pi} \sqrt{\frac{k_e g}{W}} = \frac{1}{2\pi} \sqrt{\frac{7,500 \times 980}{300 \times 10^3}}$$

$$= 0.78 \text{cycles/sec} \approx 0.80 \text{Hz}$$

11 그림과 같은 구조계의 고유진동수를 구하시오.(단, $E_1 = E_2 = 2 \times 10^7$ N/cm², $I_1 = 1,000\text{cm}^4$, $I_2 = 500\text{cm}^4$이다.)

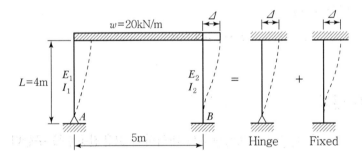

【풀이】 병렬 기둥으로 된 단자유도계의 고유진동수를 산정하는 문제이다. 일단고정–힌지인 기둥과 양단고정인 기둥의 스프링상수와 등가스프링상수를 산정하여 고유진동수를 구하기로 한다.

1. 스프링상수 산정

일단고정–힌지인 기둥과 양단고정인 기둥의 수평변위는 동일하므로 병렬 연결 스프링구조계이다. 고정–힌지 기둥과 양단고정기둥의 스프링상수를 구한다.

(1) 고정 – 힌지 기둥의 스프링상수 산정

고정–힌지인 기둥의 수평변위는 캔틸레버 기둥의 수평변위와 동일하므로 캔틸레버 기둥의 스프링상수를 사용한다.

$$\therefore \ k_1 = \frac{3E_1 I_1}{L_1^3} = \frac{3 \times (2 \times 10^7) \times 1,000}{400^3} = 937.5\text{kN/cm}$$

(2) 양단고정 기둥의 스프링상수 산정

양단고정 기둥의 스프링상수는 처짐각법으로 구하면 다음과 같다.

$$\therefore k_2 = \frac{12E_2 I_2}{L_2{}^3} = \frac{12 \times (2 \times 10^7) \times 500}{400^3} = 1,875\text{N/cm}$$

2. 등가스프링상수 산정

1층 슬래브에 고정된 기둥의 수평변위는 동일하므로 병렬 연결 스프링구조계이다. 병렬 스프링의 등가스프링상수를 구한다.

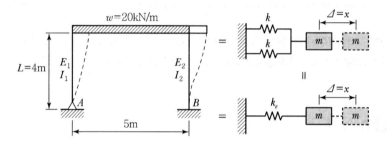

병렬 연결 스프링의 등가스프링상수는 다음과 같다.

$$\therefore k_e = \sum k_i = k_1 + k_2$$
$$= 937.5 + 1,875 = 2,812.5\,\text{N/cm}$$

3. 고유진동수 산정

고유진동수 산정식에 질량과 스프링상수를 대입하여 고유진동수를 구한다.

(1) 총 중량 산정

$$W = w \times L = 2 \times 50 = 100\text{kN}$$

(2) 고유진동수 산정

$$\therefore f_n = \frac{1}{2\pi}\sqrt{\frac{k_e}{m}} = \frac{1}{2\pi}\sqrt{\frac{k_e\, g}{W}} = \frac{1}{2\pi}\sqrt{\frac{2,812.5 \times 980}{100 \times 10^3}}$$
$$= 0.835\text{cycles/sec} \approx 0.84\text{Hz}$$

QUESTION

12

다음과 같은 철근콘크리트 건물에 대해 KBC 2016 내진설계기준을 적용하여 지진하중(등가정적지진하중)을 구한 후 전도에 대한 안전성을 검토하시오.

1) 건물의 규모 및 용도 : 연면적 $A = 8,000\text{m}^2$인 업무시설

2) 건물의 높이 : $h_n = 30\text{m}$

3) 지역 : 서울

4) 지반의 전단파속도(30m 평균) : V_s=250m/sec

5) 건물의 총 중량
   - 고정하중(DL)=25,000kN(자중 포함)
   - 활하중(LL)=10,000kN

6) 기본 지지력저항시스템 :
   건물골조시스템(기본진동주기 T_a=0.049$h_n^{\frac{3}{4}}$)

7) 전도에 대한 안전율 : 2.0 적용

8) F_a=1.4, F_v=2.0 적용

9) 소숫점 6자리부터 버림

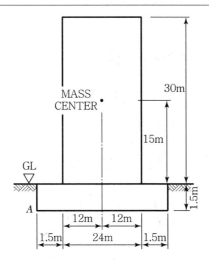

1. 지역계수[A] 산정

본 건물은 "서울"에 위치하고 있으므로 행정구역에 따른 지진구역으로 구분하여 지역계수를 구한다.

지진구역	행정구역	지역계수(A)
1	지진구역 2를 제외한 전지역	0.22
2	강원도북부, 전라남도 남서부, 제주도	0.14

서울은 [지진구역 1]이므로 지역계수 $A = 0.22$이다.

2. 지반종류 결정

본 문제에서 지반의 조건은 지반의 전단파속도가 주어졌으므로, [건축물 내진설계기준]의 전단파속도를 사용하여 지반종류를 규정한다.

지반종류	지반호칭	상부 30m에 대한 평균 지반특성		
		전단파속도 (m/sec)	표준관입시험치 (타격수/300mm)	비배수전단강도 ($\times 10^{-3}$ N/mm^2)
S_D	단단한 토사지반	180~360	15~50	50~100

본 건물이 위치한 지반의 전단파속도가 $V_s = 250\text{m/sec}$이므로 [건축물설계기준]에 따르면 "단단한 토사"인 [S_D] 지반이다.

3. 설계스펙트럼가속도[S_{DS}, S_{D1}]

단주기 및 주기 1초 시의 설계스펙트럼가속도는 다음과 같다.

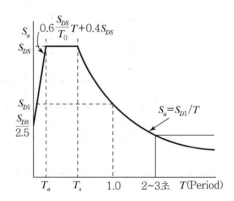

(1) 단주기의 설계스펙트럼가속도 산정[S_{DS}]

$$S_{DS} = S \times 2.5 \times F_a \times \frac{2}{3} = 0.22 \times 2.5 \times 1.4 \times \frac{2}{3} = 0.513$$

(2) 주기 1초 시의 설계스펙트럼가속도 산정[S_{D1}]

$$S_{D1} = S \times F_v \times \frac{2}{3} = 0.22 \times 2.0 \times \frac{2}{3} = 0.293$$

4. 내진등급과 중요도계수[I_E]

본 건물은 도시구역 내에 있는 연면적 $A = 8,000 \text{m}^2$인 업무시설 건물이므로 내진등급은 [1등급]이다. 중요도계수 $I_E = 1.2$이다.

내진등급		용도 및 규모	중요도계수
I	지진으로 인한 피해를 입을 경우 대중에게 큰 위험을 초래할 수 있는 구조물	연면적이 5천 제곱미터 이상인 공연장, 집회장, 관람장, 전시장, 운동시설, 판매 및 영업시설, 오피스텔, 기숙사 및 아파트, 3층 이상의 학교	1.2

5. 기본진동주기[T] 산정

건물높이 $h_n = 30\text{m}$이므로 주어진 식으로 기본진동주기를 산정한다.

$h_n = 30\text{m}$

$T_a = 0.049 \, h_n^{3/4} = 0.049 \, (30)^{3/4} = 0.628 \, \text{sec}$

6. 반응수정계수[R] 산정

본 건물은 지진저항 시스템이 [철근콘크리트 건물골조시스템]이므로 반응수정계수는 다음과 같다.

지진저항력 시스템			반응수정계수(R)
건물골조시스템	2-e	철근콘크리트 전단벽	5

7. 지진응답계수[C_S] 산정

본 건물의 지진응답계수는 $0.01 \leq C_S = \dfrac{S_{D1}}{\left[\dfrac{R}{I_E}\right] T} \leq \dfrac{S_{DS}}{\left[\dfrac{R}{I_E}\right]}$ 이므로,

$$C_S = \frac{S_{D1}}{\left[\dfrac{R}{I_E}\right]T} = \frac{0.293}{\left[\dfrac{5}{1.2}\right]\times 0.628} = 0.112$$

$$\frac{S_{DS}}{\left[\dfrac{R}{I_E}\right]} = \frac{0.513}{\left[\dfrac{5}{1.2}\right]} = 0.1231$$

여기서, S_{D1} : 주기 1초일 때 설계스펙트럼가속도 $= 0.293$

S_{DS} : 단주기일 때 설계스펙트럼가속도 $= 0.513$

A : 지역계수 $= 0.22$

I_E : 중요도계수 $= 1.2$

T : 건축물의 고유진동주기 $= 0.628 \sec$

R : 반응수정계수 $= 5.0$

따라서 본건물의 지진응답계수 $C_S = 0.112$ 이다.

8. 등가 수평지진력 [V] 산정

지진으로 발생되는 본 건물의 등가지진력을 구한다.

(1) 구조물 총중량 산정

구조물의 총중량은 자중을 포함한 고정하중으로 한다.

$W =$ 고정하중(자중 포함) $= 25,000\text{kN}$

(2) 등가 수평지진력 산정

$V = C_S W = 0.112 \times 25,000 = 2,800\text{kN}$

9. 전도에 대한 안전성 검토

건물 전도(Overturning) 안전성을 건물기초 A지점에 대해 검토한다.

(1) 전도모멘트 산정

$$M = V \times h = 2,800 \times (15 + 1.5)$$
$$= 46,200 \text{kN} \cdot \text{m}$$

(2) 저항모멘트 산정

$$M_R = W \times L$$
$$= 25,000 \times 13.5$$
$$= 337,500 \text{kN} \cdot \text{m}$$

(3) 안전성 검토

$$S.F = \frac{M_R}{M} = \frac{337,500}{46,200} = 7.31 > 2.0 \qquad \therefore \text{ OK}$$

QUESTION

13

그림(a)와 같은 테이블의 수평진동 시 고유주기는 0.5sec이다. 이 테이블 위에 그림(b)와 같이 200N의 플레이트가 완전히 고정되었을 때, 수평진동 시 고유주기는 0.75sec이다. 플레이트 고정 전 테이블의 무게와 수평강성을 구하시오.

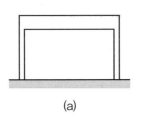
(a)

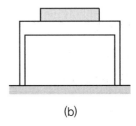
(b)

1. 구조물의 고유주기 T

$$T = 2\pi \sqrt{\frac{m}{k}} = 2\pi \sqrt{\frac{W}{kg}}$$

2. 상호 관련 식

그림 (a)에서 테이블의 중량을 W_T, 수평강성을 k라 하면

$$2\pi \sqrt{\frac{W_T}{kg}} = 0.5 \quad \cdots\cdots\cdots\cdots\cdots\cdots\cdots\cdots\cdots\cdots\cdots\cdots\cdots\cdots\cdots\cdots\cdots\cdots\cdots\cdots\cdots\cdots\cdots (1)$$

그림 (b)에서

$$2\pi \sqrt{\frac{(W_T + 200)}{kg}} = 0.75 \quad \cdots\cdots\cdots\cdots\cdots\cdots\cdots\cdots\cdots\cdots\cdots\cdots\cdots\cdots\cdots\cdots\cdots\cdots (2)$$

3. 테이블의 중량 W_T

식 (1), (2)에서

$$(1) \div (2) : \frac{\sqrt{W_T}}{\sqrt{(W_T + 200)}} = \frac{0.5}{0.75}$$

$$\frac{W_T}{(W_T+200)}=\left(\frac{0.5}{0.75}\right)^2=0.444$$

$$W_T=0.444(W_T+200)$$

$$0.556\,W_T=88.89$$

$$\therefore \ W_T=160N$$

4. 테이블의 수평강성 k

$$2\pi\sqrt{\frac{160}{kg}}=0.5$$

$$\sqrt{\frac{160}{kg}}=\frac{0.5}{2\pi}$$

$$\frac{160}{kg}=\left(\frac{0.5}{2\pi}\right)^2=0.0063$$

$$g=9.8\mathrm{m/sec^2}이므로$$

$$\therefore \ k=\frac{160}{9.8\times0.0063}=2{,}592\,\mathrm{N/m}$$

QUESTION

14 MDOF 구조계의 고유진동수 산정

그림과 같은 비감쇠 구조물의 고유진동수를 구하고 모드형상을 작성하시오.(단, 기둥의 질량은 무시하고 보는 완전강체이고 1층과 2층의 기둥길이는 동일하다.)

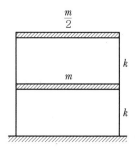

【풀이】 비감쇠 자유진동인 다자유도(MDOF) 구조계의 고유진동수를 산정하는 문제이다. MDOF에 대한 동적 운동방정식을 구하여 고유진동수와 고유진동모드 및 고유진동모드행렬을 구하기로 한다.

1. 해석모델링

Lumped Mass and Massless Stick으로 모델링하고 동적 운동방정식 작성을 위한 해석모델링을 만든다.

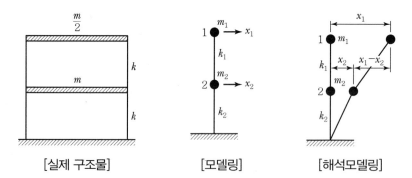

[실제 구조물]   [모델링]   [해석모델링]

2. 동적 운동방정식 산정

2개의 질량절점에 대한 비감쇠 자유진동의 동적 운동방정식 $(m\ddot{x}+kx=0)$을 적용하면 다음과 같다.

(1) 절점 1에 대한 운동방정식

$$m_1\ddot{x}_1+k_1(x_1-x_2)=0 \quad\cdots\cdots\cdots (1)$$

(2) 절점 2에 대한 운동방정식

$$m_2\ddot{x}_2+k_2x_2+k_1(x_2-x_1)=0 \quad\cdots\cdots\cdots (2)$$

절점 1과 2에 대한 운동방정식 (1)과 (2)를 매트릭스 형태로 나타내면 다음과 같다.

$$\begin{bmatrix} m_1 & 0 \\ 0 & m_2 \end{bmatrix} \begin{Bmatrix} \ddot{x}_1 \\ \ddot{x}_2 \end{Bmatrix} + \begin{bmatrix} k_1 & -k_1 \\ -k_1 & (k_1+k_2) \end{bmatrix} \begin{Bmatrix} x_1 \\ x_2 \end{Bmatrix} = \begin{Bmatrix} 0 \\ 0 \end{Bmatrix}$$

$$\therefore [\mathrm{M}]= \begin{bmatrix} m_1 & 0 \\ 0 & m_2 \end{bmatrix} = \begin{bmatrix} \dfrac{m}{2} & 0 \\ 0 & m \end{bmatrix} = m \begin{bmatrix} \dfrac{1}{2} & 0 \\ 0 & 1 \end{bmatrix}$$

$$\therefore [\mathrm{K}]= \begin{bmatrix} k_1 & -k_1 \\ -k_1 & (k_1+k_2) \end{bmatrix} = k \begin{bmatrix} 1 & -1 \\ -1 & 2 \end{bmatrix}$$

3. 고유진동수 산정

MDOF의 고유진동수는 $Det([K]-\omega^2[M])=0$을 만족하는 ω를 구하면 된다.

$Det([K]-\omega^2[M])=0$이므로 $[M]$, $[K]$를 대입하여 ω를 구하면

$$\left| k \begin{bmatrix} 1 & -1 \\ -1 & 2 \end{bmatrix} - \omega^2 m \begin{bmatrix} \dfrac{1}{2} & 0 \\ 0 & 1 \end{bmatrix} \right|$$

$$\left| \begin{array}{cc} (k - \dfrac{\omega^2 m}{2}) & -k \\[3mm] -k & (2k - \omega^2 m) \end{array} \right| \ \text{이다.}$$

이를 정리하면 다음과 같은 식을 얻는다.

$$\frac{1}{2}(\omega^2 m)^2 - 2k\omega^2 m + k^2 = 0$$

$$\omega_1^2 m = \frac{-(-2k) - \sqrt{(-2k)^2 - 4\left(\dfrac{1}{2}\right)(k^2)}}{2\left(\dfrac{1}{2}\right)} = (2 - \sqrt{2})k = 0.585k$$

$$\omega_2^2 m = \frac{-(-2k) + \sqrt{(-2k)^2 - 4\left(\dfrac{1}{2}\right)(k^2)}}{2\left(\dfrac{1}{2}\right)} = (2 + \sqrt{2})k = 3.414k$$

따라서

$$\omega_1 = \sqrt{\frac{0.585k}{m}} = 0.765\sqrt{\frac{k}{m}} \quad \cdots\cdots\cdots\cdots\cdots\cdots\cdots\cdots\cdots\cdots (3)$$

$$\omega_2 = \sqrt{\frac{3.414k}{m}} = 1.847\sqrt{\frac{k}{m}} \quad \cdots\cdots\cdots\cdots\cdots\cdots\cdots\cdots\cdots\cdots (4)$$

(1) 첫 번째 모드의 고유진동수

$$\therefore f_{n1} = \frac{\omega_1}{2\pi} = \frac{0.765}{2\pi}\sqrt{\frac{k}{m}}$$

(2) 두 번째 모드의 고유진동수

$$\therefore f_{n2} = \frac{\omega_2}{2\pi} = \frac{1.847}{2\pi}\sqrt{\frac{k}{m}}$$

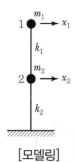
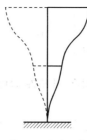
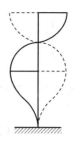

| [모델링] | [첫 번째 모드] | [두 번째 모드] |

4. 고유진동모드행렬 산정

고유진동수 산정식 $Det([K] - \omega^2[M]) = 0$ 에 식 (3)과 식 (4)를 대입하면 고유진동모드행렬이 구해진다.

(1) 첫 번째 고유진동모드 산정

$\omega_1{}^2 m = (2 - \sqrt{2})k$ 대입

$$\left| k\begin{bmatrix} 1 & -1 \\ -1 & 2 \end{bmatrix} - \omega_1{}^2 m \begin{bmatrix} \dfrac{1}{2} & 0 \\ 0 & 1 \end{bmatrix} \right| = 0$$

$$\left| k\begin{bmatrix} 1 & -1 \\ -1 & 2 \end{bmatrix} - (2 - \sqrt{2})k \begin{bmatrix} \dfrac{1}{2} & 0 \\ 0 & 1 \end{bmatrix} \right| = 0$$

따라서 첫 번째 고유진동모드행렬은 다음과 같다.

$$\begin{bmatrix} +\dfrac{k}{\sqrt{2}} & -k \\ -k & \sqrt{2}\,k \end{bmatrix} \begin{Bmatrix} \varnothing_{11} \\ \varnothing_{21} \end{Bmatrix} = \begin{Bmatrix} 0 \\ 0 \end{Bmatrix} \qquad \therefore \begin{Bmatrix} \varnothing_{11} \\ \varnothing_{21} \end{Bmatrix} = \begin{Bmatrix} \sqrt{2} \\ 1 \end{Bmatrix}$$

(2) 두 번째 고유진동모드 산정

$\omega_2{}^2 m = (2 + \sqrt{2})k$ 대입

$$\left| k\begin{bmatrix} 1 & -1 \\ -1 & 2 \end{bmatrix} - \omega_1{}^2 m \begin{bmatrix} \dfrac{1}{2} & 0 \\ 0 & 1 \end{bmatrix} \right| = 0$$

$$\left| k \begin{bmatrix} 1 & -1 \\ -1 & 2 \end{bmatrix} - (2+\sqrt{2})k \begin{bmatrix} \dfrac{1}{2} & 0 \\ 0 & 1 \end{bmatrix} \right| = 0$$

따라서 두 번째 고유진동모드행렬은 다음과 같다.

$$\begin{bmatrix} -\dfrac{k}{\sqrt{2}} & -k \\ -k & -\sqrt{2}\,k \end{bmatrix} \begin{Bmatrix} \varnothing_{12} \\ \varnothing_{22} \end{Bmatrix} = \begin{Bmatrix} 0 \\ 0 \end{Bmatrix} \qquad \therefore \begin{Bmatrix} \varnothing_{12} \\ \varnothing_{22} \end{Bmatrix} = \begin{Bmatrix} \sqrt{2} \\ -1 \end{Bmatrix}$$

(3) 고유진동모드 행렬 산정

$$\begin{Bmatrix} \varnothing_{11} & \varnothing_{12} \\ \varnothing_{21} & \varnothing_{22} \end{Bmatrix} = \begin{Bmatrix} \sqrt{2} & \sqrt{2} \\ 1 & -1 \end{Bmatrix}$$

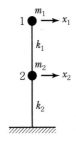

[모델링]

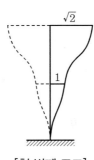

[첫 번째 모드]

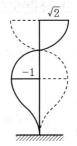

[두 번째 모드]

15

그림과 같이 3개의 철골 기둥에 7,000mm(길이)×1,000mm(폭) ×400mm(두께)의 콘크리트 보가 pin으로 연결되어 있으며 기둥 하부 는 기초에 고정되어 있다. 이 구조물에 0.3g의 지진가속도가 작용할 때 가장 큰 휨감성을 가진 기둥의 휨응력을 구하시오.(단, 기둥의 질량 은 무시하고 $E = 2.1 \times 10^5 \text{N/mm}^2$, 그림의 단위는 mm임)

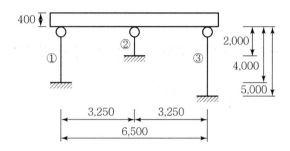

부재번호	부재	A(mm²)	I(mm⁴)
①번	□ −150×150×6	3.363×10^3	1.15×10^7
②번	□ −125×125×6	2.76×10^3	6.41×10^6
③번	H−200×200×8×2 (강축으로 설치)	6.353×10^3	4.72×10^7

1. 각 기둥의 휨강성($\dfrac{3EI}{L^3}$)

①번 부재 : $\dfrac{3 \times 2.1 \times 10^5 \times 1.15 \times 10^7}{4,000^3} = 113.2\text{N/mm}$

②번 부재 : $\dfrac{3 \times 2.1 \times 10^5 \times 6.41 \times 10^6}{2,000^3} = 504.79\text{N/mm}$

③번 부재 : $\dfrac{3 \times 2.1 \times 10^5 \times 4.72 \times 10^7}{5,000^3} = 237.9\text{N/mm}$

2. 밑면 전단력 산정

$$V = m \cdot a = \frac{W \cdot a}{g}$$

$$W = 7,000 \times 1,000 \times 400 \times 24 \times 10^{-9} = 67.2 \text{kN}$$

$$V = \frac{67.2 \times 0.3g}{g} = 20.16 \text{kN}$$

3. 휨강성이 제일 큰 ②번 부재에 작용하는 밑면 전단력

$$V_{②} = 20.16 \times \frac{504.76}{113.2 + 504.79 + 237.9} = 11.89 \text{kN}$$

4. 휨응력 산정

$$\sigma = \frac{M \cdot c}{I} = \frac{11,890 \times 2,000 \times \left(\frac{125}{2}\right)}{6.41 \times 10^6} = 231.9 \text{N/mm}^2$$

16

경사지에 위치한 1층 철근콘크리트 골조가 지형 때문에 높이 차이가 있는 기둥으로 설계되어 있다. 지진이 발생하여 상층 수평변위가 1.5cm로 측정되었다. 골조의 고유 진동수와 각 기둥에 나타나는 전단력을 구하시오.(단, 구조물의 전체중량은 50kN이고, 기둥과 보는 동일한 단면으로, 한 변이 30cm인 정사각형 단면이다.)

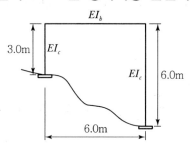

1. 단면계수

$$I_c = \frac{0.3 \times 0.3^3}{12} = 0.000675\mathrm{m}^4$$

$$E = 2.35 \times 10^4 \mathrm{MPa} = 2.35 \times 10^4 \times 10^6 \mathrm{Pa} = 2.35 \times 10^{10} \mathrm{N/m}^2$$

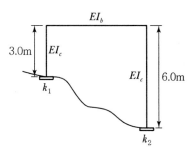

2. 강성

$$\text{기둥 1} : k_1 = \frac{12 \times 2.35 \times 10^{10} \times 0.000675}{3^3} = 7,050,000\,\mathrm{N/m}$$

$$\text{기둥 2} : k_2 = \frac{12 \times 2.35 \times 10^{10} \times 0.000675}{6^3} = 881,250\,\mathrm{N/m}$$

$$k_e = k_1 + k_2 = 7,931,250\mathrm{N/m}$$

3. 고유진동수

$$f = \frac{w}{2\pi} = \frac{1}{2\pi} \sqrt{\frac{7,931,250}{50 \times 10^3 \div 9.8}} = 6.275 \text{Hz}$$

4. 지진력 F

$$F = k_e \cdot \delta_n = 7,931,250 \times 0.015 = 118,968.75 \, N = 119.0 \, \text{kN}$$

5. 전단력

$$V_1 = \frac{k_1}{k_e} \times F = \frac{7,650,000}{7,931,250} \times 118,968.75 = 105,750 \text{N}$$

$$V_2 = \frac{k_2}{k_e} \times F = F - V_1 = 13,219 \text{N}$$

참고문헌

- 「KS신규격 강구조설계」, 한국강구조학회, 구미서관, 2018
- 「KBS 2016」, 대한건축학회. 2016
- 「콘크리트 구조설계기준」, 한국콘크리트학회, 2012
- 「포인트 건축구조기술사」, 철근콘크리트, 예문사, 2013

포인트

건축 · 토목 구조기술사
강구조 공학

발행일 | 2019. 1. 10　초판 발행
　　　　　 2019. 5. 20　개정 1판1쇄
　　　　　 2022. 4. 20　개정 2판1쇄

저　자 | 김경호
발행인 | 정용수
발행처 | 예문사

주　소 | 경기도 파주시 직지길 460(출판도시) 도서출판 예문사
T E L | 031) 955 – 0550
F A X | 031) 955 – 0660
등록번호 | 11 – 76호

정가 : 20,000원

ISBN 978-89-274-4465-7 13540